普通高等学校省级规划教材

Probability Theory and Mathematical Statistics

概率论与数理统计

（第2版）

主　编　祝东进

副主编　郭明乐　黄旭东

中国科学技术大学出版社

内 容 简 介

概率论与数理统计是研究随机现象的一个数学分支,是与现实世界联系最为密切的学科之一.在多年教学的基础上,我们编写了这本教材.全书分8章,第1章到第4章为概率论部分,第5章到第8章为数理统计部分.本书通过例题细致地阐述了概率论与数理统计中的主要概念和方法,对定理和结论大多给出了直观而且严格的证明,每章后有大量的应用题,有助于培养学生分析问题与解决问题的能力.

本书适合作高等学校非数学专业的本科生教材,也可供从事该学科研究的有关人员参考.

图书在版编目(CIP)数据

概率论与数理统计/祝东进主编. —2 版. —合肥:中国科学技术大学出版社,2015.9(2021.7重印)

ISBN 978-7-312-03837-2

Ⅰ. 概… Ⅱ. 祝… Ⅲ. ①概率论—高等学校—教材 ②数理统计—高等学校—教材 Ⅳ. O21

中国版本图书馆 CIP 数据核字(2015)第 192224 号

出版	中国科学技术大学出版社
	安徽省合肥市金寨路 96 号,230026
	http://press.ustc.edu.cn
	https://zgkxjsdxcbs.tmall.com
印刷	合肥华苑印刷包装有限公司
发行	中国科学技术大学出版社
经销	全国新华书店
开本	710 mm×960 mm 1/16
印张	11.75
字数	236 千
版次	2009 年 8 月第 1 版 2015 年 9 月第 2 版
印次	2021 年 7 月第 9 次印刷
定价	22.00 元

前　言

　　概率论与数理统计是研究随机现象的一个数学分支,它是与现实世界联系最密切、应用最广泛的学科之一.随着科学技术的进步和发展,研究随机现象的数学理论和方法——概率论与数理统计方法已渗透到自然科学和社会科学的各个领域.概率论与数理统计学科同其他学科结合形成了许多边缘性学科,如金融统计学、生物统计学、医学统计学、数量经济学、保险精算学、统计物理学、统计化学等等.概率论与数理统计已成为人们从事生产劳动、科学研究和社会活动的一个基本工具.

　　为非数学专业的学生提供一本适宜的概率论与数理统计教材是我们的夙愿.在多年从事该课程教学的基础上,我们编写了这本教材.本书第1版自2009年出版以来已经6年,使用此书的教师希望结合当前本科院校生源变化及人才培养目标优化对本书进行修订完善,并对本书修改提出了许多宝贵意见,在此对他们表示由衷的感谢.本书第2版的内容与第1版基本相同,主要对第1版内容作了少量增删,对全书习题作了修订,删去了一些难度较大的题目,突出基本训练的题目,以期更好地适应教学需要.

　　全书共分8章,第1章到第4章为概率论部分,其内容有概率论的基本概念、随机变量及其概率分布、数字特征、大数定律与中心极限定理等;第5章到第8章为数理统计部分,其内容有统计量及其概率分布、参数估计、假设检验、回归分析、方差分析等.本书体现了编者在以下几个方面的努力:

　　1. 通过例题细致地阐述了概率论与数理统计中的主要概念和方法及其产生的背景和思路,力求运用简洁的语言描述随机现象及其内在的统计规律性.

　　2. 对书中的定理和结论,大多给出简化、直观且严格的证明.对一些类似的结论给出了推导与证明的思路.有些结论用表格列出,便于对照、理解与掌握.

　　3. 按照国家标准,采用规范的概率统计用语.注重提高学生运用概率统计的理论与方法去解决实际问题的能力. 书中例题与习题丰富,包含有大量的应用题,有助于培养学生分析问题与解决问题的能力.

本书第 1 章和第 4 章由祝东进编撰,第 2 章由郭明乐编撰,第 3 章由黄旭东编撰,第 5 章由徐林编撰,第 6 章和第 7 章由刘晓编撰,第 8 章由张金洪编撰. 本书框架结构及最终定稿由祝东进教授完成. 在编写的过程中,我们参阅了国内外的许多文献,谨表诚挚谢意.

由于编者水平所限,书中的错误和缺陷在所难免,恳请同行、读者提出宝贵意见,以利于我们及时补正提高.

编 者

2015 年 4 月

目　　次

第1章 随机事件和概率

概率论是研究随机现象内部蕴含的数量规律性的一门数学学科.本章重点介绍概率论的两个最基本的概念——事件与概率,接着讨论古典概型和几何概型及其概率计算,然后介绍条件概率、乘法公式、全概率公式与贝叶斯公式,最后讨论事件的独立性.

1.1 随机事件

1.1.1 随机试验与样本空间

在自然界和人类社会生活中存在着两种现象,一类是在一定条件下必然会发生的现象,称为确定性现象.如:

(1) 在标准大气压下,水加热到 100 ℃ 时必然会沸腾.

(2) 早晨,太阳必然从东方升起.

(3) 苹果,不抓住必然往下掉.

(4) 边长为 a,b 的矩形,其面积必为 $a \cdot b$.

……

另一类是在一定条件下具有多种可能的结果,但事先又不能预知确切的结果,称作随机现象.如:

(1) 抛掷一枚硬币,其结果可能是正面朝上,也可能是反面朝上,并且在抛掷之前无法预知抛掷的结果.

(2) 足球比赛,其结果可能是胜、平、负,但在比赛之前无法预知其结果.

(3) 投掷一颗骰子,其结果有 6 种,即可能出现 1,2,3,4,5,6 点,但每次投掷之前是无法预知投掷结果的.

(4) 股市的变化.

(5) 检查流水生产线上的一件产品,是合格品还是不合格品?

……

对于某些随机现象,虽然对个别试验来说,无法预言其结果,但在相同的条件下,进行大量的重复试验或观察时,却又呈现出某些规律性.如人们重复抛掷一枚质地均匀硬币时,虽每次抛之前并不能预知它是出现正面还是反面,但出现正面的频率总是稳定在 0.5 左右,人们把随机现象在大量重复试验时所表现的规律性称为随机现象的统计规律性.

为了研究随机现象,就要进行实验或对随机现象进行观察,这种实验或观察的过程称为试验.如果一个试验满足下列条件:

(1) 试验可以在同样条件下重复进行;

(2) 试验的所有可能结果在试验前可以明确知道;

(3) 每次试验将要出现的结果是不确定的,

则称此试验为**随机试验**.简称随机试验为**试验**.

下面我们给出随机试验的一些例子.

E_1:抛掷一枚质地均匀的硬币,观察正面和反面出现的情况;

E_2:掷一颗质地均匀的骰子,观察其出现的点数;

E_3:记录在某一时间段某城市发生火灾的次数;

E_4:向一目标射击炮弹,观测弹着点的位置.

一个试验将要出现的结果是不确定的,但其所有可能结果是明确的.由随机试验的一切可能的结果组成的一个集合称为试验的**样本空间**,记为 Ω;试验的每一个可能的结果(或样本空间的元素)称为一个**样本点**,记为 ω.

对于一个具体的试验,我们根据试验的条件和结果的含义来确定其样本空间,必要时约定一些记号以便把样本空间简洁地表示出来.

例 1.1 试写出试验 $E_1 \sim E_4$ 的样本空间.

(1) 掷一枚硬币,在一次试验中,H 表示"正面朝上",T 表示"反面朝上",这个试验共有两个样本点,故样本空间为

$$\Omega_1 = \{H, T\}.$$

(2) 掷一颗骰子,用 i 表示标有数字 i 的面朝上,则在一次试验中共有六个样本点,故样本空间为

$$\Omega_2 = \{1, 2, 3, 4, 5, 6\}.$$

(3) 记录在某一时间段某城市发生火灾的次数,一个样本点就是该城市在一段时间内发生火灾的次数,故样本空间为

$$\Omega_3 = \{0, 1, 2, \cdots\}.$$

(4) 向一目标射击炮弹,观测弹着点的位置,一次射击为一次试验.选定坐标系,则炮弹的一个弹着点 (x, y) 就是一个样本点,故样本空间为

$$\Omega_4 = \{(x, y): -\infty < x < +\infty, -\infty < y + \infty\}.$$

从上面的例子可以看出,样本空间可以是有限或无限的点集,也可以是抽象的集合.从随机试验到样本空间这一数学抽象,使我们可以用集合论的语言来表示概率论的概念.

1.1.2　随机事件

下面我们先看一个例子.

例 1.2　从包含两件次品(记作 a_1,a_2) 和三件正品(记作 b_1,b_2,b_3) 的五件产品中,任取两件产品,则样本空间为

$$\Omega = \left\{ \begin{matrix} (a_1,a_2),(a_1,b_1),(a_1,b_2),(a_1,b_3),(a_2,b_1), \\ (a_2,b_2),(a_2,b_3),(b_1,b_2),(b_2,b_3),(b_1,b_3) \end{matrix} \right\}.$$

记

$$A_0 = \text{“没有抽到次品”} = \{(b_1,b_2),(b_2,b_3),(b_1,b_3)\},$$

$$A_1 = \text{“抽到一件次品”} = \left\{ \begin{matrix} (a_1,b_1),(a_1,b_2),(a_1,b_3), \\ (a_2,b_1),(a_2,b_2),(a_2,b_3) \end{matrix} \right\},$$

$$A_2 = \text{“抽到两件次品”} = \{(a_1,a_2)\},$$

则由以上可知它们都是样本空间 Ω 的子集.

一般地,我们称试验 E 的样本空间 Ω 的子集为**随机事件**,简称**事件**.常用 A,B,C,A_i,B_j 等表示随机事件.在每次试验中随机事件 A 发生当且仅当随机事件 A 中有某一个样本点出现.特别地,当一个事件仅包含 Ω 的一个样本点时,称该事件为**基本事件**.

作为极端情况,我们给出两个特殊事件.样本空间 Ω 包含所有的样本点,是 Ω 自身的子集,每次试验它总是发生的,称为**必然事件**.空集 $\varnothing$ 不包含任何样本点,它是 Ω 的子集,每次试验总是不发生,称为**不可能事件**.

1.1.3　事件的运算

将随机事件表示成由样本点组成的集合,就可以将事件间的关系和运算归结为集合之间的关系和运算,这不仅对研究事件的关系和运算是方便的,而且对研究随机事件发生的可能性大小的数量指标 —— 概率的运算也是非常有益的.

1. 事件间的关系

在随机试验中,一般有很多随机事件,为了通过简单事件来研究掌握复杂的事件,我们需要了解事件之间的关系.下面就来分析这些关系:

(1)事件的包含

如果事件 A 发生必然导致事件 B 发生,则称事件 A 包含于事件 B,或称事件 B 包含事件 A,记作

$$A \subset B \quad \text{或} \quad B \supset A.$$

按照前面的说明，$A \subset B$ 意味着，若 $\omega \in A$，则 $\omega \in B$. 故 A 是 B 的子集，也即 A 是 B 的子事件，易知对任何一事件 A，有

$$\varnothing \subset A \subset \Omega.$$

（2）事件间的相等（或等价）

如果 $A \subset B$ 且 $B \subset A$，则称 A 与 B 相等（或等价），记作 $A = B$. $A = B$ 表示 A 和 B 是同一个事件.

（3）事件的并（或和）

由事件 A 与 B 至少有一个发生构成的事件，称为事件 A 与事件 B 的并（或和），记作 $A \bigcup B$.

（4）事件的交（或积）

由事件 A 与 B 同时发生构成的事件，称为事件 A 与事件 B 的交（或积），记作 $A \bigcap B$ 或 AB.

（5）事件的差

由事件 A 发生而事件 B 不发生构成的事件，称为事件 A 与事件 B 的差，记作 $A \backslash B$. 据定义，$A \backslash B$ 发生当且仅当 A 发生，但 B 不发生. 如果 $A \supset B$，$A \backslash B$ 记作 $A - B$.

（6）互不相容（或互斥）事件

如果事件 A 与 B 不可能同时发生，即 $AB = \varnothing$，则称事件 A 与事件 B 是互不相容（或互斥）事件. 互斥的两个事件 A 与 B 的并记作 $A + B$.

（7）对立事件（或逆事件）

事件 A 不发生这一事件称为 A 的对立事件，记作 $\overline{A}$. 显然 $\overline{A}$ 发生当且仅当 A 不发生. 由事件 A 得到事件 $\overline{A}$ 是一种运算，称作取逆运算. 显然有

$$A\overline{A} = \varnothing, \quad A \bigcup \overline{A} = \Omega, \quad \overline{\overline{A}} = A, \quad A \backslash B = A\overline{B}.$$

由上述关系式也知道，对立事件必为互不相容事件；互不相容事件未必为对立事件.

例 1.3 记录某电话交换台一分钟内接到的呼唤次数. 则样本空间 $\Omega = \{0, 1, 2, \cdots\}$，设 A 表示"接到的呼唤不超过 50 次"事件，B 表示"接到的呼唤在 40 次到 60 次之间"事件，C 表示"接到的呼唤超过 50 次"事件，D 表示"接到的呼唤超过 100 次"事件，则

$$A = \{0, 1, \cdots, 50\}, \quad B = \{40, 41, \cdots, 60\},$$
$$C = \{51, 52, \cdots\}, \quad D = \{101, 102, \cdots\};$$

$A \bigcup B = \{0, 1, \cdots, 60\}$，它表示"接到呼唤不超过 60 次"事件；

$A \bigcap B = \{40, 41, \cdots, 50\}$，它表示"接到呼唤在 40 次到 50 次之间"事件；

$A \backslash B = \{0,1,\cdots,39\}$，它表示"接到呼唤次数不超过 39 次"事件.
另外，显见 A 与 C 对立，即 $A = \overline{C}$；A 与 D 互斥，但不是对立事件.

事件的并和交可以推广到任意有限个或可数个事件的情形.设 $\{A_i\}$ 为一列事件，则 $\bigcup\limits_{i=1}^{n} A_i$ 表示"$A_1,\cdots,A_n$ 中至少有一个发生"事件，称为 $A_1,\cdots,A_n$ 的并，当 $A_1,A_2,\cdots,A_n$ 两两互斥时，即

$$A_i A_j = \varnothing \quad (i \neq j,\ i,j = 1,2,\cdots,n),$$

通常记 $\bigcup\limits_{i=1}^{n} A_i$ 为 $\sum\limits_{i=1}^{n} A_i$.

类似地，$\bigcup\limits_{i=1}^{\infty} A_i$ 表示"$A_1,A_2,\cdots$ 至少有一个发生"事件；$\bigcap\limits_{i=1}^{n} A_i$ 表示"$A_1,\cdots,$ A_n 同时发生"事件；$\bigcap\limits_{i=1}^{\infty} A_i$ 表示"$A_1,A_2,\cdots$ 同时发生"事件.

（8）完备事件组

设 $A_1,A_2,\cdots$ 是有限或可数个事件，如果它们满足：

（a）$A_i A_j = \varnothing (i \neq j,\ i,j = 1,2,\cdots)$；

（b）$\sum\limits_{i} A_i = \Omega$，

则称 $A_1,A_2,\cdots$ 是一个完备事件组.

显然 A 与它的对立事件 $\overline{A}$ 构成一个完备事件组.

事件之间的关系及运算还可用图形来表示.用平面上矩形来表示样本空间 Ω.图形区域 A,B 分别表示事件 A,B.图中阴影部分分别表示运算得到的事件，见图 1.1.

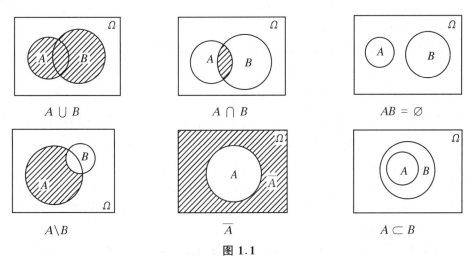

图 1.1

为了便于读者比较概率论中事件的关系和运算与集合的关系及运算，我们将

两种等价的表述形式形成表1.1.

表 1.1

符 号	集 合 论	概 率 论
Ω	空间	样本空间,必然事件
$\varnothing$	空集	不可能事件
ω	点(元素)	样本点
$A \subset \Omega$	子集	事件
$A \subset B$	集合 A 含于集合 B	A 是 B 的子事件
$A = B$	集合 A 与集合 B 相等	事件 A 与事件 B 相等
$AB = \varnothing$	集合 A 与集合 B 不相交	事件 A 与事件 B 互斥
$\overline{A}$	A 的余集	A 的对立事件
$A \cup B$	A 与 B 的并集	A 与 B 至少有一个发生
$A \cap B$	A 与 B 的交集	A 与 B 同时发生
$A \backslash B$	A 与 B 的差集	A 发生但 B 不发生

2. 随机事件的运算律

事件的运算具有下列性质:

(1) **交换律** $A \cup B = B \cup A, AB = BA$;

(2) **结合律** $(A \cup B) \cup C = A \cup (B \cup C), (AB)C = A(BC)$;

(3) **分配律** $(A \cup B)C = (AC) \cup (BC), (AB) \cup C = (A \cup C) \cap (B \cup C)$;

(4) **德莫根(De Morgan) 公式(对偶公式)**
$$\overline{A \cup B} = \overline{A}\,\overline{B}, \qquad \overline{AB} = \overline{A} \cup \overline{B};$$

(5) **自反律** $\overline{\overline{A}} = A$.

分配律和对偶公式可以推广到任意有限个或可数个事件的情形:
$$\left(\bigcup_i A_i\right)C = \bigcup_i (A_i C), \quad \left(\bigcap_i A_i\right) \cup C = \bigcap_i (A_i \cup C),$$
$$\overline{\bigcup_i A_i} = \bigcap_i \overline{A_i}, \quad \overline{\bigcap_i A_i} = \bigcup_i \overline{A_i}.$$

对偶公式联系并、交、取逆三种运算,它在概率论的计算中十分有用. 由事件之间的关系及运算的定义可推出一些有用的关系式,如由 $AB = \varnothing$ 可推出 $A \subset \overline{B}$, $B \subset \overline{A}$;由 $A \subset B$ 可推出 $A \cup B = B, AB = A$. 另外利用事件的运算及其关系,还可以用给定的事件来表达另一些有关的事件,或将给定的事件按照某种要求来表示. 以后,在有交、并、差运算的表达式中,总是理解为先进行交运算,然后依次从左向右进行并、差运算.

例 1.4   设 A, B, C 为三个事件,试用 A, B, C 表达下列事件:(1) 只有 A 发生;(2) 恰有一个事件发生;(3) 恰有两个事件发生;(4) 至少有两个事件发生.

解　(1)"只有 A 发生"="A 发生且 B 与 C 均不发生"= $A\overline{B}\overline{C}$；

(2)"恰好有一个发生"="只有 A 发生或只有 B 发生或只有 C 发生"= $A\overline{B}\overline{C}$ + $\overline{A}B\overline{C}$ + $\overline{A}\,\overline{B}C$；

(3)"恰有两个发生"="恰好 A 与 B 同时发生或 B 与 C 同时发生或 C 与 A 同时发生"= $AB\overline{C}$ + $A\overline{B}C$ + $\overline{A}BC$；

(4)"至少有两个发生"="A 与 B 同时发生或 B 与 C 同时发生或 C 与 A 同时发生"="恰好有两个发生或三个都发生"= $AB \bigcup BC \bigcup CA$ = $AB\overline{C}$ + $A\overline{B}C$ + $\overline{A}BC$ + ABC.

上例中(4)有两种不同的表达式,这两种表达式都是正确的,不过意义不同,不难看出,第二个表达式中相关的四个事件是两两互斥的;而第一个表达式中相并的每个事件都包含事件 ABC.今后,在计算几个事件并的概率中,常常要将事件的并表成互斥事件的和,以便利用概率的性质.

1.2　随机事件的频率与概率

就随机现象而言,仅仅知道可能发生哪些事件是不够的,更重要的是对事件发生的可能性做出定量的描述,这就涉及一个概念——事件的概率.直观地说,一个事件的概率就是刻画该事件发生的可能性大小的一个数值.因此,凭直觉我们可以说,在掷一枚硬币的试验中"出现正面"的概率为 0.5,而在掷一颗骰子的试验中"出现'1'点"的概率为 1/6.但是,对一般的事件而言,单凭直觉来确定其发生的概率显然是行不通的,必须从客观的本质特征上寻求概率的界定方法.那么,概率有客观性吗?数学上如何定义呢?下面,我们将逐步明确这些问题.

1.2.1　随机事件的频率

对一个事件 A 来说,无论它发生的可能性是大还是小,在一次试验或观察中都可能发生或者不发生.因此,根据一次试验或观察的结果并不能确定任何一个事件发生的概率(事件 ∅ 和 Ω 除外).不过,在大量的重复试验或观察中,事件发生的可能性却可呈现出一定的统计规律,并且随着试验或观察次数的增加,这种规律会表现得愈加明显.

显然,在重复试验或观察中,要反映一个事件发生的可能性大小,最直观的一个量就是频率,其定义是:

定义 1.1　设 A 是试验 E 中的一个事件,若将 E 重复进行 n 次,其中 A 发生了 n_A 次,则称

$$f_n(A) = \frac{n_A}{n}$$

为该 n 次试验中 A 发生的频率.

我们知道,频率 $f_n(A)$ 越大(小),事件 A 发生的可能性就越大(小),即 A 的概率就越大(小). 可见,频率是概率的一个很好反映. 但是,频率却不能作为概率,因为概率应当是一个确定的量,不应像频率那样随重复试验和重复次数的变化而变化. 不过,即使这样,频率还是可以作为概率的一个估计,而且是一个有客观依据的估计,这个依据就是所谓的频率稳定性:当试验或观察次数 n 较大时,事件 A 发生的频率 $f_n(A)$ 会在某个确定的常数 p 附近摆动,并渐趋稳定.

历史上有不少人做过抛硬币试验,其结果见表1.2,从表中的数据可以看出:当试验次数较大时,出现正面的频率 $f_n(A)$ 总是在 0.5 附近摆动.

表 1.2

试验者	n	n_A	$f_n(A)$
蒲丰	4 040	2 048	0.506 9
K·皮尔逊	12 000	6 019	0.501 6
K·皮尔逊	24 000	12 012	0.500 5
费勒	10 000	4 979	0.497 9
罗曼诺夫斯基	80 640	39 699	0.492 3

在同一个 n 次试验中,容易证明频率具有以下性质:

(1) $f_n(\Omega) = 1$;

(2) 对任意事件 A,有 $0 \leqslant f_n(A) \leqslant 1$;

(3) 若 $AB = \varnothing$,则 $f_n(A \bigcup B) = f_n(A) + f_n(B)$.

1.2.2 概率的统计定义

定义 1.2 设有随机试验 E,若当试验的次数 n 充分大时,事件 A 的发生频率 $f_n(A)$ 稳定在某数 p 附近摆动,则称数 p 为事件的**概率**,记为:$P(A) = p$.

概率的统计定义的重要性不在于它提供了一种定义概率的方法 —— 它实际上没有提供这种方法,因为你永远不可能根据这个定义确切地定出任何一个事件的概率. 其重要性在于两点:一是它提供了一种估计概率的方法,这种应用很多. 例如在工业生产中,依据抽取的一些产品的检验去估计产品的合格率;在医学上依据积累的资料去估计某种疾病的死亡率等. 二是它提供了一种检验理论正确与否的准则. 设想根据一定的理论、假定算出了某事件的概率为 p,这理论或假定是否与实际相符?我们并无把握.于是我们可诉诸试验,即进行大量重复的试验以观察事件的频率 $f_n(A)$,若 $f_n(A)$ 与 p 接近,则认为试验的结果支持了有关理论,若相去较远,则认为理论可能有误.这类问题属于数理统计学的一个重要分支 —— 假设检验,将在本书第 7 章中讨论.

概率的统计定义本身存在着很大的缺陷,即定义中的"稳定地在某一数值 p 的附近摆动"含义不清,如何理解"摆动的幅度"?这或多或少地带有人为的主观性.是否能抓住一个事件所对应的客观上表示该事件发生可能性大小的一个数,以及它固有的性质来作为概率的定义呢?概率的公理化定义解决了这一问题.

1.2.3　概率的公理化定义

任何一个数学概念都是对现实世界的抽象,这种抽象使其具有广泛的适应性,并成为进一步数学推理的基础.概率也不例外,经过漫长的探索历程,人们才真正完整地解决了概率的严格定义,苏联著名的数学家柯尔莫哥洛夫在 1933 年出版的《概率论基础》一书中系统地表述了概率的公理化体系,第一次将概率论建立在严密的逻辑基础上.

我们知道,事件 A 的概率实际上是赋予事件 A 在 $[0,1]$ 上的一个实数值,从这个意义上讲 $P(\cdot)$ 是一个定义在事件上取值于 $[0,1]$ 的函数.那么,这个函数的定义域怎样?函数本身又具有哪些性质?这正是近代概率论要建立的公理化结构.

1. 事件域

概率论公理化结构是从样本空间 Ω 出发的.从前面的叙述知道,虽然事件 A 一定是 Ω 的子集,但一般来讲,我们不能认为 Ω 的任何一个子集都是事件,否则在后面的几何概型中就把不可度量的集也作为事件了,而这给定义概率带来不可克服的困难;另一方面,要使得概率论的基本框架能够容纳现实背景提出的大多数问题,那么事件应当足够丰富,它应使事件的运算(如交、并、差等)封闭,如果说 Ω 是一个空间,那么事件域就是搭建在这个空间的一个舞台.下面给出事件域的定义.

定义 1.3　设 Ω 是一样本空间,$\mathscr{F}$ 是 Ω 的某些子集组成的集类,如果它满足下列条件:

(1) $\Omega \in \mathscr{F}$;

(2) 若 $A \in \mathscr{F}$,则 $\overline{A} \in \mathscr{F}$;

(3) 若 $A_n \in \mathscr{F}(n = 1,2,\cdots)$,则 $\bigcup\limits_{n=1}^{\infty} A_n \in \mathscr{F}$,

则称 $\mathscr{F}$ 为 Ω 上的一个事件域,$\mathscr{F}$ 中的元素称为事件.

可以证明,$\mathscr{F}$ 对事件的有限或可数的交、并、差运算都是封闭的.

2. 概率的公理化定义

定义 1.4 设 Ω 是一个样本空间, $\mathscr{F}$ 为 Ω 上的一个事件域, 设 $P(\cdot)$ 是定义在 $\mathscr{F}$ 上取值于 $[0,1]$ 上的实值函数, 如果 $P(\cdot)$ 满足:

(1) **规范性** $P(\Omega) = 1$;

(2) **非负性** 对任意事件 $A \in \mathscr{F}, P(A) \geqslant 0$;

(3) **可列可加性** 对于 $\mathscr{F}$ 中两两互不相容的事件列 $A_1, A_2, \cdots, A_n, \cdots$, 有

$$P\left(\sum_{n=1}^{\infty} A_n\right) = \sum_{n=1}^{\infty} P(A_n),$$

则称 $P(\cdot)$ 为 $\mathscr{F}$ 上的概率, 而称 $(\Omega, \mathscr{F}, P)$ 为一个概率空间.

概率的公理化定义告诉我们:

(1) 在公理化结构中, 概率是针对事件定义的, 它是定义在事件域上的一个集合函数.

(2) 在公理化结构中, 只规定概率应满足的性质, 而不具体给出它的计算公式或计算方法, 这样建立起来的一般理论适用于任何具体场合.

3. 概率的性质

设给定了概率空间 $(\Omega, \mathscr{F}, P)$, 下面涉及的事件和概率均属于此给定的概率空间, 从概率公理出发, 可推导概率具有以下性质, 这些性质是概率论中计算的重要基础.

性质 1 $P(\varnothing) = 0$.

证明 因为 $\Omega = \Omega + \varnothing + \cdots + \varnothing + \cdots$, 所以由概率的可列可加性知

$$P(\Omega) = P(\Omega) + P(\varnothing) + \cdots + P(\varnothing) + \cdots.$$

由于 $P(\varnothing)$ 为实数, 故必有 $P(\varnothing) = 0$.

性质 2 (有限可加性) 设 n 个事件 $A_1, A_2, \cdots, A_n$ 是两两互不相容的, 则有

$$P\left(\sum_{i=1}^{n} A_i\right) = \sum_{i=1}^{n} P(A_i).$$

证明 令 $A_i = \varnothing (i = n+1, n+2, \cdots)$, 则 $A_1, A_2, \cdots$ 两两互斥, 由性质1知 $P(\varnothing) = 0$, 故

$$P\left(\sum_{i=1}^{n} A_i\right) = P\left(\sum_{i=1}^{n} A_i + \varnothing + \varnothing + \cdots\right)$$

$$= \sum_{i=1}^{\infty} P(A_i) = \sum_{i=1}^{n} P(A_i).$$

性质 3 对于任意一个事件 $A, P(\overline{A}) = 1 - P(A)$.

证明 因为 $A \bigcup \overline{A} = \Omega, A \bigcap \overline{A} = \varnothing$, 所以 $1 = P(\Omega) = P(A) + P(\overline{A})$, 移项即得证.

性质 4 (概率的单调性) 若 $A \supset B$, 则

$$P(A - B) = P(A) - P(B), \quad P(A) \geqslant P(B).$$

对任意两个事件 A, B 有 $P(A \backslash B) = P(A) - P(AB)$.

性质 5（加法公式）　设 A, B 为事件，则

$$P(A \bigcup B) = P(A) + P(B) - P(AB).$$

证明　因为

$$A \bigcup B = A \bigcup (B - AB) \quad \text{且} \quad A \bigcap (B - AB) = \varnothing,$$

所以有

$$P(A \bigcup B) = P(A) + P(B - AB),$$

又因为 $AB \subset B$，所以由性质 4 即得

$$P(A \bigcup B) = P(A) + P(B) - P(AB).$$

性质 5 还可以用归纳法推广到任意有限个事件的情形.

广义加法公式　对于任意 n 个事件 $A_1, A_2, \cdots, A_n$，有

$$P\left(\bigcup_{i=1}^{n} A_i\right) = \sum_{i=1}^{n} P(A_i) - \sum_{1 \leqslant i < j \leqslant n} P(A_i A_j) + \sum_{1 \leqslant i < j < k \leqslant n} P(A_i A_j A_k)$$
$$+ \cdots + (-1)^{n-1} P(A_1 \cdots A_n).$$

例 1.5　某人一次写了 n 封信，又写了 n 个信封，如果他任意地将 n 张信纸装入 n 个信封中. 问至少有一封信的信纸和信封是一致的概率是多少？

解　令 $A_i = \{$ 第 i 张信纸恰好装进第 i 个信封 $\}$，则所求概率为 $P\left(\bigcup_{i=1}^{n} A_i\right)$，易知有

$$P(A_i) = \frac{1}{n}, \quad \sum_{i=1}^{n} P(A_i) = 1,$$

$$P(A_i A_j) = \frac{1}{n(n-1)}(i \neq j), \quad \sum_{1 \leqslant i < j \leqslant n} P(A_i A_j) = \binom{n}{2} \frac{1}{n(n-1)} = \frac{1}{2!},$$

同理可得

$$\sum_{1 \leqslant i < j < k \leqslant n} P(A_i A_j A_k) = \binom{n}{3} \frac{1}{n(n-1)(n-2)} = \frac{1}{3!},$$

$$\cdots,$$

$$P\left(\bigcap_{i=1}^{n} A_i\right) = P(A_1 A_2 \cdots A_n) = \binom{n}{n} \frac{1}{n!} = \frac{1}{n!}.$$

由概率的广义加法公式我们得到

$$P\left(\bigcup_{i=1}^{n} A_i\right) = 1 - \frac{1}{2!} + \frac{1}{3!} + \cdots + (-1)^{n-1} \frac{1}{n!}.$$

显然，当 n 充分大时，它近似于 $1 - \mathrm{e}^{-1}$.

这个例子是历史上有名的"匹配问题".

性质 6（次可加性） 设 $A_1, \cdots, A_n$ 为事件,则

$$P(\bigcup_{i=1}^{n} A_i) \leqslant \sum_{i=1}^{n} P(A_i).$$

证明 利用数学归纳法证明,当 $n = 2$ 时,由广义加法公式,有

$$P(A_1 \bigcup A_2) = P(A_1) + P(A_2) - P(A_1 A_2)$$
$$\leqslant P(A_1) + P(A_2).$$

设 $n = m$ 时,有 $P(\bigcup_{i=1}^{m} A_i) \leqslant \sum_{i=1}^{m} P(A_i)$,则当 $n = m + 1$ 时,有

$$P(\bigcup_{i=1}^{m+1} A_i) = P(\bigcup_{i=1}^{m} A_i \bigcup A_{m+1})$$
$$\leqslant P(\bigcup_{i=1}^{m} A_i) + P(A_{m+1})$$
$$\leqslant \sum_{i=1}^{m} P(A_i) + P(A_{m+1}) = \sum_{i=1}^{m+1} P(A_i),$$

故由数学归纳法知,对一切自然数 n,有

$$P(\bigcup_{i=1}^{n} A_i) \leqslant \sum_{i=1}^{n} P(A_i).$$

下面述而不证概率论中的一个重要定理.

定理 1.1*（连续性定理） 设 $A_1, A_2, \cdots$ 为一列事件,且 $A_1 \supset A_2 \supset \cdots$（即单调不增）,令 $A = \bigcap_{n=1}^{\infty} A_n$,则

$$P(A) = \lim_{n \to \infty} P(A_n).$$

推论 设 $A_1, A_2, \cdots$ 为事件列,且满足：$A_1 \subset A_2 \subset \cdots$,令 $A = \bigcup_{n=1}^{\infty} A_n$,则

$$P(A) = \lim_{n \to \infty} P(A_n).$$

例 1.6 某人外出旅游两天,据天气预报,第一天降水概率为 0.6,第二天降水概率为 0.3,两天都降水的概率为 0.1,试求：

(1)"第一天下雨而第二天不下雨"的概率 $P(B)$;

(2)"第一天不下雨而第二天下雨"的概率 $P(C)$;

(3)"至少有一天下雨"的概率 $P(D)$;

(4)"两天都不下雨"的概率 $P(E)$;

(5)"至少有一天不下雨"的概率 $P(F)$.

解 设 A_i 表示事件"第 i 天下雨"($i = 1, 2$),由题意

$$P(A_1) = 0.6, \quad P(A_2) = 0.3, \quad P(A_1 A_2) = 0.1.$$

(1) $B = A_1 \overline{A_2} = A_1 - A_2 = A_1 - A_1 A_2$,且 $A_1 A_2 \subset A_1$,

$$P(B) = P(A_1 - A_1 A_2) = P(A_1) - P(A_1 A_2) = 0.6 - 0.1 = 0.5;$$

(2) $P(C) = P(A_2 - A_1 A_2) = P(A_2) - P(A_1 A_2) = 0.3 - 0.1 = 0.2$;

(3) $D = A_1 \bigcup A_2$,

$$P(D) = P(A_1 \bigcup A_2) = P(A_1) + P(A_2) - P(A_1 A_2)$$
$$= 0.6 + 0.3 - 0.1 = 0.8;$$

(4) $E = \overline{A_1}\,\overline{A_2} = \overline{A_1 \bigcup A_2}$,

$$P(E) = P(\overline{A_1 \bigcup A_2}) = 1 - P(A_1 \bigcup A_2) = 1 - 0.8 = 0.2;$$

(5) $P(F) = P(\overline{A_1} \bigcup \overline{A_2}) = P(\overline{A_1 \bigcap A_2}) = 1 - P(A_1 A_2) = 1 - 0.1 = 0.9$.

例 1.7　对任何两个事件 A,B,试证布尔(Boole)不等式

$$P(AB) \geqslant 1 - P(\overline{A}) - P(\overline{B})$$

成立.

证明　由性质 3 和性质 5 知

$$P(AB) = 1 - P(\overline{AB}) = 1 - P(\overline{A} \bigcup \overline{B})$$
$$= 1 - [P(\overline{A}) + P(\overline{B}) - P(\overline{A}\,\overline{B})]$$
$$= 1 - P(\overline{A}) - P(\overline{B}) + P(\overline{A}\,\overline{B})$$
$$\geqslant 1 - P(\overline{A}) - P(\overline{B}).$$

例 1.8　已知 $P(A) = p, P(B) = q, P(A \bigcup B) = r$,求 $P(A\overline{B})$ 及 $P(\overline{A} \bigcup \overline{B})$.

解　因为 $A\overline{B} = (A \bigcup B) \backslash B$,所以

$$P(A\overline{B}) = P(A \bigcup B) - P(B) = r - q.$$

由对偶公式知,$\overline{A} \bigcup \overline{B} = \overline{AB}$,故

$$P(\overline{A} \bigcup \overline{B}) = P(\overline{AB}) = 1 - P(AB)$$
$$= 1 - [P(A) + P(B) - P(A \bigcup B)]$$
$$= 1 - p - q + r.$$

例 1.7 和例 1.8 的问题是已知一些事件的概率,求有关事件的概率.解决这类问题的关键是找出事件之间的关系,然后利用概率性质、事件之间的关系求解.借助于事件的图形表示,往往易于观察出事件之间的运算关系.这样就利于概率的计算.

1.3　古典概型与几何概型

在上一节,运用概率基本公式,可以根据一些事件的概率计算另一些事件的概率,那么这些已知概率又当如何获取呢?或者说,怎样直接计算一些简单事件的概率呢?本节在古典概型与几何概型下讨论这一问题.

1.3.1 古典概型的定义与计算公式

1. 古典概型的定义

设随机实验 E 满足下列条件：

(1) **有限性**　试验的样本空间只有有限个样本点，即
$$\Omega = \{\omega_1, \omega_2, \cdots, \omega_n\};$$

(2) **等可能性**　每个样本点的发生是等可能的，即
$$P(\{\omega_1\}) = P(\{\omega_2\}) = \cdots = P(\{\omega_n\}),$$

则称此试验 E 为**古典概型**，也叫**等可能概型**.

这种模型是概率论发展初期的主要研究对象，一方面，它相对简单、直观，易于理解. 另一方面，它又能解决一些实际问题，因此，它至今仍在概率论中占有比较重要的地位. 下面，我们给出古典概型中概率的计算公式.

2. 古典概型的计算公式

设在古典概型中，试验 E 共有 n 个基本事件，事件 A 包含了 m 个基本事件，则事件 A 的概率为

$$P(A) = \frac{m}{n}.$$

上述定义称为概率的古典定义，是由法国数学家 Laplace 于 1812 年给出的概率的最早的精确定义. 上述公式表明事件 A 的概率只与 A 中所包含的样本点的个数有关. 而与 A 包含的是哪几个具体的样本点是无关的.

需要指出的是：在实际问题中，样本空间是否有限比较容易判断，需要解决的是每个样本点是否等可能发生，基本准则是要指出每一个基本事件发生的可能性既不大于又不小于其他基本事件发生的可能性的大小，如掷一颗质地均匀的骰子时，由于质地均匀，几何形状对称，所以每个点朝上的机会是均等的，这就是一个古典概型.

例 1.9　将一颗骰子连掷两次，试求下列事件的概率：(1) 两次掷得的点数之和为 8；(2) 第二次掷得 3 点.

解　将掷骰子两次看做一次试验，第一次掷得 i 点，第二次掷得 j 点，则
$$\Omega = \{(1,1), \cdots, (1,6), (2,1), \cdots, (2,6), \cdots, (6,1), \cdots, (6,6)\},$$
显然 Ω 共有 36 个样本点，因为骰子质地均匀，故每个点面朝上等可能，从而是古典概型.

设 A 表示"点数之和为 8"，B 表示"第二次掷得 3 点"，则
$$A = \{(2,6), (3,5), (4,4), (5,3), (6,2)\},$$
$$B = \{(1,3), (2,3), (3,3), (4,3), (5,3), (6,3)\}.$$
根据定义，得

$$P(A) = \frac{5}{36}, \quad P(B) = \frac{6}{36} = \frac{1}{6}.$$

古典概型中许多概率的计算相当困难但富有技巧,计算的要点是给定样本点,并计算它的总数,然后再计算有利场合的数目. 在这些计算中,经常要用到一些排列与组合公式.

3. 基本的组合分析公式

(1) 两条计数原理

① **乘法原理** 设完成一件事须分 k 步,做第 $i(1 \leqslant i \leqslant k)$ 步有 m_i 种方法,则完成这件事共有 $m_1 \times m_2 \times \cdots \times m_k$ 种方法.

② **加法原理** 设完成一件事可有 k 种途径,在第 $i(1 \leqslant i \leqslant k)$ 种途径中有 m_i 种方法,则完成这件事共有 $m_1 + m_2 + \cdots + m_k$ 种方法.

容易知道,这两条原理可以推广到多个过程的情况. 利用上述原理,可以导出排列与组合的公式.

(2) 排列

所谓排列,是从共有 n 个元素的总体中取出 r 个来进行有顺序的放置(或者说有顺序地取出 r 个元素).

这时既要考虑到取出的元素也要顾及其取出顺序. 这种排列可分为两类:第一种是有放回的选取,这时每次选取都是在全体元素中进行,同一元素可被重复选中;另一种是不放回选取,这时一个元素一旦被取出便立刻从总体中除去,因此每个元素至多被选中一次,在后一种情况下,必有 $r \leqslant n$.

① 在有放回选取中,从 n 个元素中取出 r 个元素进行排列,这种排列称为**有重复的排列**,其总数共有 n^r 种.

② 在不放回选取中,从 n 个元素中取出 r 个元素进行排列,其总数为

$$A_n^r = n(n-1)\cdots(n-r+1),$$

这种排列称为选排列. 特别当 $r = n$ 时,称为全排列.

(3) 组合

① 从 n 个元素中取出 r 个元素而不考虑其顺序,称为组合,其总数为

$$C_n^r = \frac{A_n^r}{r!} = \frac{n(n-1)\cdots(n-r+1)}{r!} = \frac{n!}{r!(n-r)!},$$

这里 C_n^r 是二项展开式的系数,$(a+b)^n = \sum_{r=0}^{n} C_n^r a^r b^{n-r}$.

② 从 n 个不同元素中每次取出一个,放回后再取下一个,如此连续取 r 次所得的组合称为重复组合,此种重复组合总数为 C_{n+r-1}^r(注:这里允许 r 大于 n).

4. 古典概型计算的例子

例 1.10 一部四册的文集按任意次序放到书架上,问各册自右向左或自左向

右恰成 1,2,3,4 的顺序的概率是多少?

解 若以 a,b,c,d 分别表示自左向右排列的书的卷号,则上述文集放置的方式可与向量 (a,b,c,d) 建立一一对应,因为 a,b,c,d 取值于 $\{1,2,3,4\}$,因此这种向量的总数相当于 4 个元素的全排列数 $4! = 24$,由于文集按"任意的"次序放到书架上去,因此这 24 种排列中出现任意一种的可能性都相同,这是古典概型概率,其有利场合有 2 种,即自左向右或自右向左成 1,2,3,4 顺序,因此所求概率为: $2/24 = 1/12$.

例 1.11 某城有 N 部卡车,车牌号从 1 到 N,有一个外地人到该城去,把遇到的 N 部车子的牌号抄下(可能重复抄某些车牌号),问抄到的最大号码正好为 $k(1 \leqslant k \leqslant N)$ 的概率.

解 这种抄法可以看作是对 N 个车牌号进行 n 次有放回的抽样.所有可能的抽法共有 N^n 种,以它为样本点全体.由于每部卡车被遇到的机会可以认为相同,因此这是一个古典概型概率的计算问题,有利场合数可以这样考虑:先考虑最大车牌号不大于 k 的取法,这样取法共有 k^n 种,再考虑最大车牌号不大于 $k-1$ 的取法,其数目有 $(k-1)^n$ 种,因此有 $k^n - (k-1)^n$ 种取法,其最大车牌号正好为 k,这就是有利场合的数目,因而所求概率为

$$p = \frac{k^n - (k-1)^n}{N^n}.$$

例 1.12 (抽球问题) 袋中有 a 只黑球,b 只白球,它们除颜色不同外,其他方面没有差别,现在把球随机地一只只摸出来,求第 $k(1 \leqslant k \leqslant n)$ 次摸出的一只球是黑球的概率.

解法一 把 a 只黑球及 b 只白球都看作是**不同的**(例如设想把它们进行编号),若把摸出的球依次放在排列成一直线的 $a+b$ 位置上,则可能的排列法相当于把 $a+b$ 个元素进行全排列,总数为 $(a+b)!$,把它们作为样本点全体.有利场合数为 $a \times (a+b-1)!$,这是因为第 k 次摸得黑球有 a 种取法,而另外 $a+b-1$ 次摸球相当于 $a+b-1$ 只球进行全排列,有 $(a+b-1)!$ 种构成法,故所求概率为

$$P_k = \frac{a \times (a+b-1)!}{(a+b)!} = \frac{a}{a+b}.$$

这个结果与 k 无关.回想一下,就会发觉这与我们平常的生活经验是一致的.例如在体育比赛中进行抽签,对各队机会均等,与抽签的先后次序无关.

解法二 把 a 只黑球看作是**没有区别的**,把 b 只白球也看作是**没有区别的**.仍把摸出的球依次放在排列成一直线的 $a+b$ 位置上,因若把 a 只黑球的位置固定下来则其他位置必然是放白球,而黑球的位置可以有 C_{a+b}^b 种放法,以这种放法作为样本点.这时有利场合数为 C_{a+b-1}^{a-1},这是由于第 k 次取得黑球,这个位置必须放黑球,剩下的黑球可以在 $a+b-1$ 个位置上任取 $a-1$ 个位置,因此共有 C_{a+b-1}^{a-1} 种放

法.所以所求概率为

$$P_k = \frac{C_{a+b-1}^{a-1}}{C_{a+b}^{a}} = \frac{a}{a+b}.$$

此例表明:

(1) 在运用古典概型计算概率时,为了便于问题的解决,样本空间可作不同的设计,但必须满足等可能性的要求;

(2) 在计算样本点总数及有利场合数时,必须对同一个确定的样本空间考虑,因此其中一个考虑顺序,另一个也必须考虑顺序,否则结果一定不正确.

例 1.13（分球入盒问题）　设有 n 个颜色互不相同的球,每个球都以概率 $1/N$ 落在 $N(n \leqslant N)$ 个盒子中的每一个盒子里,且每个盒子能容纳的球数是没有限制的,试求下列事件的概率:

$A = \{$某指定的一个盒子中没有球$\}$;

$B = \{$某指定的 n 个盒子中各有一个球$\}$;

$C = \{$恰有 n 个盒子中各有一个球$\}$;

$D = \{$某指定的一个盒子中恰有 m 个球$\}(m \leqslant n)$.

解　把 n 个球随机地分配到 N 个盒子中去$(n \leqslant N)$,总共有 N^n 种放法.即基本事件总数为 N^n.

事件 A:指定的盒子中不能放球,因此,n 个球中的每一个球可以并且只可以放入其余的 $N-1$ 个盒子中.总共有 $(N-1)^n$ 种放法.因此

$$P(A) = \frac{(N-1)^n}{N^n}.$$

事件 B:指定的 n 个盒子中,每个盒子中各放一球,共有 $n!$ 种放法,因此

$$P(B) = \frac{n!}{N^n}.$$

事件 C:恰有 n 个盒子,其中各有一球,即 N 个盒子中任选出 n 个,选取的种数为 C_N^n.在这 n 个盒子中各分配一个球,n 个盒中各有一球(同上),共有 $n!$ 种放法;事件 C 的样本点总数为 $C_N^n \cdot n!$.

$$P(C) = \frac{C_N^n \cdot n!}{N^n}\left(= \frac{A_N^n}{N^n}\right).$$

事件 D:指定的盒子中,恰好有 m 个球,这 m 个球可从 n 个球中任意选取,共有 C_n^m 种选法,而其余 $n-m$ 个球可以任意分配到其余的 $N-1$ 个盒子中去,共有 $(N-1)^{n-m}$ 种,所以事件 D 所包含的样本点总数为 $C_n^m(N-1)^{n-m}$.

$$P(D) = \frac{C_n^m(N-1)^{n-m}}{N^n}\left(= C_n^m\left(\frac{1}{N}\right)^m\left(1-\frac{1}{N}\right)^{n-m}\right).$$

不难发现当 n 和 N 确定时,$P(D)$ 只依赖于 m.如果把 $P(D)$ 记作 p_m,依二项

式定理有

$$\sum_{m=0}^{n} P_m = \sum_{m=0}^{n} C_N^m \left(\frac{1}{N}\right)^m \left(1 - \frac{1}{N}\right)^{n-m} = \left(\frac{1}{N} + 1 - \frac{1}{N}\right)^n = 1.$$

上述等式的概率意义是十分明显的.就是对于某个指定的盒子来说,进入盒子中的球数不外是 $0,1,\cdots,n$;从而这 $n+1$ 种情形的和事件为必然事件,其概率必为 1.这个问题实质上就是**伯努利(Bernoulli) 概型**.

n 个球在 N 个盒子中的分布,是一种理想化的概率模型,可用以描述许多直观背景很不相同的随机试验.为了阐明这一点,我们列举一些貌异质同的试验:

(1) 生日. n 个人的生日的可能情形,相当于 n 个球放入 $N(=365)$ 个盒子中的不同排列(假定一年有 365 天).

(2) 旅客下站.一列火车中有 n 名旅客,它在 N 个站上都停.旅客下站的各种情形,相当于 n 个球分到 N 个盒子中的各种情形.

(3) 住房分配. n 个人被分配到 N 个房间中去住,则人相当于球,房间相当于盒子.

(4) 印刷错误. n 个印刷错误在一本具有 N 页的书中的一切可能的分布,相当于 n 个球放入 N 个盒子中的一切可能分布(n 必须小于每一页的字数).

例 1.14 (分组问题) 30 名学生中有 3 名运动员,将这 30 名学生平均分成 3 组,求:

(1) 每组有一名运动员的概率;

(2) 3 名运动员集中在一个组的概率.

解 设 A:每组有一名运动员;B:3 名运动员集中在一组.则

$$|\Omega| = C_{30}^{10} C_{20}^{10} C_{10}^{10} = \frac{30!}{10! \cdot 10! \cdot 10!},$$

$$P(A) = \frac{3! \frac{27!}{9!9!9!}}{|\Omega|} = \frac{50}{203}, \quad P(B) = \frac{3 \times C_{27}^7 C_{20}^{10} C_{10}^{10}}{|\Omega|}.$$

一般地,把 n 个球随机地分成 $m(n>m)$ 组,要求第 i 组恰有 $n_i(i=1,\cdots,m)$ 个球,共有分法 $\dfrac{n!}{n_1! \cdots n_m!}$ 种.

例 1.15 (随机取数问题) 在 $1 \sim 10$ 的整数中随机地有放回地取 7 个数字,求下列事件的概率:

(1) 取出的 7 个数形成一个严格上升序列;

(2) 取出的 7 个数形成一个上升序列(不一定严格上升);

解 由题意知:$|\Omega| = 10^7$.设 A,B 分别表示(1),(2)中所描述的事件,则

(1) 因为取出的 7 个数形成一个严格上升序列,故有 C_{10}^7 种,于是

$$P(A) = \frac{C_{10}^7}{10^7}.$$

（2）7 个数按上升次序排列，并不要求严格上升，因此，它们中间的任何一个数可以重复出现，这样，每一上升排列对应一个重复组合，按上升次序排列的种数就是重复组合．由重复组合公式得知 $|B| = C_{10+7-1}^7$，故

$$P(B) = \frac{C_{10+7-1}^7}{10^7}.$$

1.3.2　几何概型

古典概型是关于试验结果有限个且等可能的概率模型，对于试验结果为无穷多时，概率的古典定义显然不适用．本段讨论另一特殊的随机试验，即几何模型．在该模型中借助于几何度量（长度、面积、体积）来计算事件的概率．几何概型的样本空间是无限的，但仍具有某种等可能性，在这个意义上，几何概型是古典概型的推广．

设 Ω 为一有界区域，$L(\Omega)$ 表示区域 Ω 的度量，且 $L(\Omega) > 0$，考虑随机试验：向区域 Ω 内随机地投点，如果投点落入 Ω 内任一区域 A 的可能性大小只与 A 的度量成正比，而与 A 的形状和位置无关，则称试验为几何概型．

设几何概型的样本空间为 Ω，"投点落在 Ω 中区域 A 内"定义为事件 A，由几何概型的定义知

$$P(A) = \lambda L(A),$$

其中 λ 为比例常数，特别地取 $A = \Omega$，得

$$1 = P(\Omega) = \lambda L(\Omega),$$

故

$$\lambda = \frac{1}{L(\Omega)},$$

所以

$$P(A) = \frac{L(A)}{L(\Omega)}.$$

在几何概型中，等可能的含义是，具有相同度量的事件有相同的概率．

例 1.16（会面问题）　甲、乙两人约定在 6 时到 7 时之间在某处会面，并约定先到者应等候另一个人一刻钟，过时即离去．求两人能会面的概率．

解　以 x 和 y 分别表示甲、乙两人到达约会地点的时间，则两人能够会面的充要条件是

$$|x - y| \leqslant 15.$$

在平面上建立直角坐标系如图 1.2 所示，则 (x, y) 的所有可能结果是边长为

60 的正方形,而可能会面的时间由图中的阴影部分所表示.这是一个几何概率问题,由等可能性知

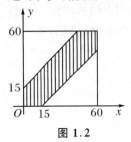

图 1.2

$$P(A) = \frac{S_A}{S_\Omega} = \frac{60^2 - 45^2}{60^2}.$$

例 1.17 [蒲丰(Buffon)投针问题] 平面上画有等距离的平行线,平行线间的距离为 $a(a > 0)$,向平面任意投掷一枚长为 $l(l < a)$ 的针,试求针与平行线相交的概率.

解 以 x 表示针的中点与最近一条平行线间的距离,又以 φ 表示针与此直线间的交角(见图 1.3),易知有

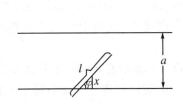

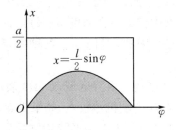

图 1.3

$$0 \leqslant x \leqslant \frac{a}{2}, \quad 0 \leqslant \varphi \leqslant \pi.$$

由这两式可以确定 $x - \varphi$ 平面上的一个矩形 Ω.针与平行线相交的充要条件是

$$x \leqslant \frac{l}{2}\sin\varphi.$$

由这个不等式表示的区域 A 是图中的阴影部分.由等可能性知

$$P(A) = \frac{S_A}{S_\Omega} = \frac{\int_0^\pi \frac{l}{2}\sin\varphi\,\mathrm{d}\varphi}{\pi \cdot \frac{a}{2}} = \frac{2l}{a\pi}.$$

如果 l, a 为已知,则以 π 值代入上式即可计算得 $P(A)$ 之值;反过来,如果已知 $P(A)$ 的值,则也可以利用上式去求 π,而关于 $P(A)$ 的值,正如前面所提到的,可以用频率去近似它.如果投针 N 次,其中针与平行线相交 n 次,则频率为 n/N,于是 $\pi \approx 2lN/(an)$.

历史上有一些学者曾亲自做过这个试验,表 1.3 记录了他们的试验结果(把 a 折算为单位长).

表 1.3

试验者	年份	投掷次数	相交次数	得到 π 的近似值	针长
Wolf	1850	5 000	2 532	3.159 6	0.8
Smith	1855	3 204	1 218.5	3.155 4	0.6
De Morgan	1860	600	382.5	3.137	1.0
Fox	1884	1 030	489	3.1 595	0.75
Lazzerini	1901	3 408	1 808	3.141 592 9	0.83
Reina	1925	2 520	859	3.1 795	0.541 9

这是一个颇为奇妙的方法：只要设计一个随机试验，使一个事件的概率与某一未知数有关，然后通过重复试验，以频率近似概率，即可求得未知数的近似解. 当然，试验次数要相当多，也是够麻烦的. 随着电子计算机的出现，人们便利用计算机来模拟所设计的随机试验，使得这种方法得到了迅速的发展和广泛的应用. 人们称这种计算方法为随机模拟法，也称为**蒙特-卡洛(Monte - Carlo) 法**.

1.4　条 件 概 率

一般讲，条件概率就是在附加一定的条件之下所计算的概率. 从广义的意义上说，任何概率都是条件概率，因为，我们是在一定的试验之下去考虑事件的概率的，而试验即规定有条件. 在概率论中，决定试验的那些基础条件被看作是已定不变的，如果不再加入其他条件或假定，则算出的概率就叫做"无条件概率"，就是通常所说的概率，当说到"条件概率"时，总是指另外附加的条件，其形式总可归结为"已知某事件发生了". 在"事件 B 已经发生"的条件下事件 A 发生的概率叫条件概率，记作 $P(A \mid B)$. 一般来说，$P(A)$ 与 $P(A \mid B)$ 是不同的. 例如，从一副(52张)扑克牌中任抽一张，"抽到黑桃 A"这一事件(记作 A)的概率 $P(A) = 1/52$，如果事先已知"抽到黑桃花色"这一事件(记作 B)已发生，则条件概率 $P(A \mid B) = 1/13$. 显然 $P(A \mid B) \neq P(A)$. 这说明事件 B 对事件 A 有影响.

下面看另一例子. 某班共有学生100人，其中男生55人，女生45人，男生中有5人为三好生，女生中有3人为三好生. 现从班上任抽取1人，设 A 表示"抽到三好生"，B 表示"抽到男生". 求 $P(A), P(B), P(AB), P(A \mid B)$.

由古典概率定义可得

$$P(A) = \frac{8}{100}, \quad P(B) = \frac{55}{100}, \quad P(AB) = \frac{5}{100}.$$

若已知 B 发生，即已知抽到的为男生，则总的基本事件数为55，故由古典概率定义得 $P(A \mid B) = 5/55$，这里也是 $P(A \mid B) \neq P(A)$. 这里还发现 $P(A \mid B) =$

$P(AB)/P(B)$,这个关系式不是偶然巧合. 事实上正是把这个关系式作为条件概率的一般定义.

1.4.1 条件概率和乘法公式

定义 1.5 设 A,B 是样本空间 Ω 中的两事件,若 $P(B)>0$,则称

$$P(A \mid B) = \frac{P(AB)}{P(B)}$$

为"在 B 发生下 A 的条件概率",简称**条件概率**.

例 1.18 设某种动物由出生而活到 20 岁的概率为 0.8,活到 25 岁的概率为 0.4,求现龄为 20 岁的这种动物活到 25 岁的概率.

解 设 $A=\{$活到 20 岁$\}, B=\{$活到 25 岁$\}$,则

$$P(A) = 0.8, \quad P(B) = 0.4.$$

由于 $A \supset B$,有 $AB = B$,因此

$$P(AB) = P(B) = 0.4,$$

于是所求概率为

$$P(B \mid A) = \frac{P(AB)}{P(A)} = \frac{0.4}{0.8} = 0.5.$$

例 1.19 设 n 件产品中有 m 件不合格品,从中任取两件,已知两件中有一件是不合格品,求另一件也是不合格品的概率.

解 记事件 A 为"有一件是不合格品",B 为"另一件也是不合格品". 因为

$$P(A) = P(\text{取出一件合格品、一件不合格品}) + P(\text{取出两件都是不合格品})$$

$$= \frac{\mathrm{C}_m^1 \mathrm{C}_{n-m}^1}{\mathrm{C}_n^2} + \frac{\mathrm{C}_m^2}{\mathrm{C}_n^2} = \frac{2m(n-m)+m(m-1)}{n(n-1)},$$

$$P(AB) = P(\text{取出两件都是不合格品}) = \frac{\mathrm{C}_m^2}{\mathrm{C}_n^2} = \frac{m(m-1)}{n(n-1)},$$

于是所求概率为

$$P(B \mid A) = \frac{P(AB)}{P(A)} = \frac{\dfrac{m(m-1)}{n(n-1)}}{\dfrac{2m(n-m)+m(m-1)}{n(n-1)}} = \frac{m-1}{2n-m-1}.$$

性质 条件概率是概率,即若 $P(B)>0$,则有

(1) $P(A \mid B) \geqslant 0 (A \in \mathscr{F})$;

(2) $P(\Omega \mid B) = 1$;

(3) 若 $\mathscr{F}$ 中的 $A_1, A_2, \cdots, A_n, \cdots$ 两两互不相容,则

$$P\left(\bigcup_{n=1}^{+\infty} A_n \mid B\right) = \sum_{n=1}^{+\infty} P(A_n \mid B).$$

这样一来,我们就知道 $P(\cdot\mid B)$ 具有概率的一切性质,如 $P(\varnothing\mid B)=0$,$P(\overline{A}\mid B)=1-P(A\mid B)$ 等等.

由条件概率的定义容易得到**乘法公式**:

若 $P(B)>0$,则

$$P(AB)=P(B)P(A\mid B).$$

若 $P(A_1A_2\cdots A_{n-1})>0$,则

$$P(A_1A_2\cdots A_n)=P(A_1)P(A_2\mid A_1)P(A_3\mid A_1A_2)$$
$$\times\cdots\times P(A_n\mid A_1A_2\cdots A_{n-1}).$$

例 1.20　在一批由 90 件正品、3 件次品组成的产品中,不放回接连抽取两件产品,求第一件取正品,第二件取次品的概率.

解　设事件 $A=\{$第一件取正品$\}$,事件 $B=\{$第二件取次品$\}$.按题意,$P(A)=90/93$,$P(B\mid A)=3/92$.由乘法公式,得

$$P(AB)=P(A)P(B\mid A)=\frac{90}{93}\times\frac{3}{92}=0.031\,5.$$

例 1.21　甲、乙、丙三人参加面试抽签,每人的试题通过不放回抽签的方式确定.假设被抽的 10 个试题中有 4 个难题签,按甲、乙、丙次序抽签,试求甲、乙、丙都抽到难题签的概率.

解　设 A,B,C 分别表示甲、乙、丙抽到难题签的事件,则

$$P(ABC)=P(A)P(B\mid A)P(C\mid AB)=\frac{4}{10}\cdot\frac{3}{9}\cdot\frac{2}{8}=\frac{1}{30}.$$

1.4.2　全概率公式和贝叶斯(Bayes)公式

为了计算复杂事件的概率,经常把一个复杂事件分解为若干个互不相容的简单事件的和,通过分别计算简单事件的概率,来求得复杂事件的概率.

全概率公式　设事件 $A_1,A_2,\cdots,A_n$ 为样本空间 Ω 的一个完备事件组,且 $P(A_i)>0(i=1,2,\cdots,n)$,则对 Ω 中的任意一个事件 B 都有

$$P(B)=P(A_1)P(B\mid A_1)+P(A_2)P(B\mid A_2)$$
$$+\cdots+P(A_n)P(B\mid A_n).$$

证明　因为

$$B=B\Omega=B(A_1\bigcup A_2\bigcup\cdots\bigcup A_n)=BA_1\bigcup BA_2\bigcup\cdots\bigcup BA_n,$$

由假设 $(BA_i)(BA_j)=\varnothing(i\neq j)$,得到

$$P(B)=P(BA_1)+P(BA_2)+\cdots+P(BA_n)$$
$$=P(A_1)P(B\mid A_1)+P(A_2)P(B\mid A_2)+\cdots+P(A_n)P(B\mid A_n).$$

若把事件 B 看作某一过程的结果,把 $A_1,A_2,\cdots,A_n,\cdots$ 看作该过程的若干个原因,则可形象地把全概率公式看作"由原因推结果".

例 1.21 七人轮流抓阄,抓一张参观票,问第二人抓到的概率是什么?

解 设 $A_i = \{$第 i 人抓到参观票$\}(i = 1,2)$,于是

$$P(A_1) = \frac{1}{7}, \quad P(\overline{A_1}) = \frac{6}{7}, \quad P(A_2 \mid A_1) = 0, \quad P(A_2 \mid \overline{A_1}) = \frac{1}{6},$$

由全概率公式

$$P(A_2) = P(A_1)P(A_2 \mid A_1) + P(\overline{A_1})P(A_2 \mid \overline{A_1}) = 0 + \frac{6}{7} \times \frac{1}{6} = \frac{1}{7}.$$

从这道题,我们可以看到,第一个人和第二个人抓到参观票的概率一样;事实上,每个人抓到的概率都一样.这就是"**抓阄不分先后原理**".

例 1.22 设有一仓库有一批产品,已知其中 $50\%,30\%,20\%$ 依次是甲、乙、丙厂生产的,且甲、乙、丙厂生产的次品率分别为 $1/10,1/15,1/20$,现从这批产品中任取一件,求取得正品的概率?

解 以 A_1,A_2,A_3 表示诸事件"取得的这批产品是甲、乙、丙厂生产";以 B 表示事件"取得的产品为正品",于是

$$P(A_1) = \frac{5}{10}, \quad P(A_2) = \frac{3}{10}, \quad P(A_3) = \frac{2}{10},$$

$$P(B \mid A_1) = \frac{9}{10}, \quad P(B \mid A_2) = \frac{14}{15}, \quad P(B \mid A_3) = \frac{19}{20}.$$

按全概率公式,有

$$P(B) = P(B \mid A_1)P(A_1) + P(B \mid A_2)P(A_2) + P(B \mid A_3)P(A_3)$$

$$= \frac{9}{10} \cdot \frac{5}{10} + \frac{14}{15} \cdot \frac{3}{10} + \frac{19}{20} \cdot \frac{2}{10} = 0.92.$$

贝叶斯公式 设 B 是样本空间 Ω 的一个事件,事件 $A_1,A_2,\cdots,A_n$ 为 Ω 的一个完备事件组,且 $P(A_i) > 0(i = 1,2,\cdots,n)$.则

$$P(A_k \mid B) = \frac{P(A_kB)}{P(B)} = \frac{P(A_k)P(B \mid A_k)}{P(A_1)P(B \mid A_1) + \cdots + P(A_n)P(B \mid A_n)}.$$

这个公式称为**贝叶斯公式**,也称为**后验概率**.

从形式推导上看,贝叶斯公式不过是条件概率定义与全概率公式的简单推论.其所以著名,在其现实以至哲理意义的解释上:先看 $P(A_1),P(A_2),\cdots$,它是在没有进一步的信息(不知事件 B 是否发生)的情况下,人们对诸事件 $A_1,A_2,\cdots$ 发生可能性大小的认识,现在有了新的信息(知道 B 发生),人们对发生可能性大小有了新的估价.

贝叶斯公式的作用在于"由结果推原因":现在有一个"结果 B"已发生了,在众多可能的"原因 $A_k(k = 1,2,\cdots,n)$"中,到底是哪一个导致了这结果?

例 1.23 发报台分别以概率 0.6 和 0.4 发出信号"."和"$-$",由于通信系统受到干扰,当发出信号"."时,收报台未必收到信号".",而是分别以 0.8 和 0.2 收到

".."和"-";同样,发出"-"时分别以 0.9 和 0.1 收到"-"和".".如果收报台收到
".",问它没收错的概率是什么?

解　设 $A = \{$发报台发出信号"."$\}, \overline{A} = \{$发报台发出信号"-"$\}, B = \{$收报台
收到"."$\}, \overline{B} = \{$收报台收到"-"$\}$;于是,$P(A) = 0.6, P(\overline{A}) = 0.4, P(B \mid A) =$
$0.8, P(\overline{B} \mid A) = 0.2, P(B \mid \overline{A}) = 0.1, P(\overline{B} \mid \overline{A}) = 0.9$.按贝叶斯公式,有

$$P(A \mid B) = \frac{P(AB)}{P(B)} = \frac{P(A)P(B \mid A)}{P(A)P(B \mid A) + P(\overline{A})P(B \mid \overline{A})}$$
$$= \frac{0.6 \times 0.8}{0.6 \times 0.8 + 0.4 \times 0.1} \approx 0.92,$$

所以没收错的概率为 0.92.

例 1.24　根据以往的记录,某种诊断肝炎的试验有如下效果:对肝炎病人的
试验呈阳性的概率为 0.95;非肝炎病人的试验呈阴性的概率为 0.95.对自然人群
进行普查的结果为:有千分之五的人患有肝炎.现有某人做此试验结果为阳性,问
此人确有肝炎的概率为多少?

解　设 $A = \{$某人做此试验结果为阳性$\}, B = \{$某人确有肝炎$\}$,由已知条件有
$$P(A \mid B) = 0.95, \quad P(\overline{A} \mid \overline{B}) = 0.95, \quad P(B) = 0.005,$$
从而
$$P(\overline{B}) = 1 - P(B) = 0.995, \quad P(A \mid \overline{B}) = 1 - P(\overline{A} \mid \overline{B}) = 0.05,$$
由贝叶斯公式,有

$$P(B \mid A) = \frac{P(BA)}{P(A)} = \frac{P(B)P(A \mid B)}{P(B)P(A \mid B) + P(\overline{B})P(A \mid \overline{B})}$$
$$= \frac{0.005 \times 0.95}{0.005 \times 0.95 + 0.995 \times 0.05} \approx 0.087.$$

1.5　独　立　性

1.5.1　两个事件的独立性

设 A, B 是两个事件,一般而言 $P(A) \neq P(A \mid B)$,这表示事件 B 的发生对事
件 A 发生的概率有影响,只有当 $P(A) = P(A \mid B)$ 时才可以认为 B 的发生与否
对 A 的发生毫无影响,这时就称两事件是独立的.这时,由条件概率可知:
$$P(AB) = P(B)P(A \mid B) = P(B)P(A) = P(A)P(B).$$
由此,我们引出下面的定义.

定义 1.6　如果对于事件 A, B 有

$$P(AB) = P(A)P(B),$$

则称事件 A,B 相互独立,简称 A 与 B 独立.

由独立性的定义易知:

(1) 必然事件 Ω 与任意随机事件 A 相互独立;不可能事件 $\varnothing$ 与任意随机事件 A 相互独立.

(2) 设事件 A 与 B 满足:$P(A)P(B) \neq 0$.若事件 A 与 B 相互独立,则 $AB \neq \varnothing$;若 $AB = \varnothing$,则事件 A 与 B 不相互独立.这说明:对于两个非零事件,互不相容与相互独立不能同时成立.

例 1.25(不独立事件的例子) 袋中有 a 只黑球,b 只白球.每次从中取出一球,取后不放回.令

$$A = \{第一次取出白球\}, \quad B = \{第二次取出白球\},$$

则

$$P(A) = \frac{b}{a + b}, \quad P(AB) = \frac{b(b - 1)}{(a + b)(a + b - 1)},$$

$$P(\overline{A}B) = \frac{ab}{(a + b)(a + b - 1)},$$

所以,得

$$P(B) = P(AB) + P(\overline{A}B) = \frac{b(b - 1)}{(a + b)(a + b - 1)} + \frac{ab}{(a + b)(a + b - 1)}$$

$$= \frac{b}{a + b},$$

而

$$P(B \mid A) = \frac{P(AB)}{P(A)} = \frac{\dfrac{b(b - 1)}{(a + b)(a + b - 1)}}{\dfrac{b}{a + b}} = \frac{b - 1}{a + b - 1},$$

因此

$$P(B \mid A) \neq P(B).$$

在一般理论的讨论中,判断两个事件 A,B 是否独立,要验证 $P(AB) = P(A)P(B)$ 是否成立.在一些具体场合,独立性常常是据具体场合的属性直观地作出判断的,如掷两颗骰子,第一颗骰子出几点与第二颗骰子出几点是独立的,因为两颗骰子之间没有什么联系.

例 1.26 掷一颗骰子,以 A 表示事件"点数小于 5",B 表示事件"点数小于 4",C 表示事件"点数是奇数",试判断 A 与 C、B 与 C 的独立性.

解 由概率的古典定义有

$$P(A) = \frac{4}{6} = \frac{2}{3}, \quad P(B) = \frac{3}{6} = \frac{1}{2}, \quad P(C) = \frac{3}{6} = \frac{1}{2},$$

$$P(AC) = \frac{2}{6} = \frac{1}{3} = P(A)P(C), \quad P(BC) = \frac{2}{6} = \frac{1}{3} \neq P(B)P(C).$$

故 A 与 C 独立、B 与 C 不独立.

从上例可以看出,独立性有时在直观上并不都是明显的.

定理 1.2　若 $P(B) > 0$,则 A, B 独立的充要条件是 $P(A \mid B) = P(A)$.

证明　必要性:因为 A, B 独立,所以由定义 1.6 有 $P(AB) = P(A)P(B)$,又 $P(B) > 0$,故

$$P(A) = \frac{P(AB)}{P(B)} = P(A \mid B).$$

充分性:因为 $P(B) > 0$,所以由条件概率定义知,$P(A \mid B) = \dfrac{P(AB)}{P(B)}$,又 $P(A \mid B) = P(A)$,故 $\dfrac{P(AB)}{P(B)} = P(A)$,也即 $P(AB) = P(A)P(B)$,从而 A, B 独立.

定理 1.3　如果事件 A, B 独立,则 A 与 $\overline{B}$、$\overline{A}$ 与 B、$\overline{A}$ 与 $\overline{B}$ 也独立.

证明　因为 A, B 独立,所以

$$P(AB) = P(A)P(B),$$

从而

$$P(A\overline{B}) = P(A) - P(AB) = P(A) - P(A) \cdot P(B)$$
$$= P(A)[1 - P(B)] = P(A)P(\overline{B}),$$

故 A 与 $\overline{B}$ 独立.

由对称性立知 $\overline{A}$ 与 B 也独立,从而由已证结论又知 $\overline{A}$ 与 $\overline{B}$ 也独立.

1.5.2　多个事件的相互独立性

定义 1.7　设 A, B, C 是三个事件,如果有

$$P(AB) = P(A)P(B),$$
$$P(AC) = P(A)P(C),$$
$$P(BC) = P(B)P(C),$$

则称 A, B, C 两两独立.若还有

$$P(ABC) = P(A)P(B)P(C),$$

则称 A, B, C 相互独立.

值得注意的是,在三个事件独立性的定义中,四个等式是缺一不可的.即:前三个等式的成立不能推出第四个等式的成立;反之,最后一个等式的成立也推不出前三个等式的成立.

例 1.27 袋中装有 4 个外形相同的球,其中三个球分别涂有红、白、黑色,另一个球涂有红、白、黑三种颜色. 现从袋中任意取出一球,令

$$A = \{取出的球涂有红色\},$$
$$B = \{取出的球涂有白色\},$$
$$C = \{取出的球涂有黑色\},$$

则

$$P(A) = P(B) = P(C) = \frac{1}{2},$$

$$P(AB) = P(BC) = P(AC) = \frac{1}{4},$$

$$P(ABC) = \frac{1}{4}.$$

由此可见

$$P(AB) = P(A)P(B), \quad P(BC) = P(B)P(C), \quad P(AC) = P(A)P(C).$$

但是

$$P(ABC) = \frac{1}{4} \neq \frac{1}{8} = P(A)P(B)P(C),$$

这表明,A, B, C 这三个事件是两两独立的,但不是相互独立的.

一般地,有

定义 1.8 设有个事件 $A_1, A_2, \cdots, A_n$,对任意的 $1 \leqslant i < j < k < \cdots \leqslant n$,如果以下等式均成立:

$$P(A_i A_j) = P(A_i)P(A_j),$$
$$P(A_i A_j A_k) = P(A_i)P(A_j)P(A_k),$$
$$\cdots,$$
$$P(A_1 A_2 \cdots A_n) = P(A_1)P(A_2)\cdots P(A_n),$$

则称此 n 个事件相互独立.

由上述定义可知:

(1) 在上面的公式中,第一行有 C_n^2 个等式,第二行有 C_n^3 个等式……最后一行共有 C_n^n 个等式. 因此共应满足 $C_n^2 + C_n^3 + \cdots + C_n^n = 2^n - C_n^0 - C_n^1 = 2^n - 1 - n$ 个等式.

(2) 若 n 个事件相互独立,则它们中的任何 $m(2 \leqslant m \leqslant n)$ 个事件也相互独立.

定理 1.4 设 $A_1, \cdots, A_n$ 独立,则 $\overline{A_1}, A_2, \cdots, A_n$ 独立,$\overline{A_1}, \overline{A_2}, \cdots, A_n$ 独立,$\cdots\cdots, \overline{A_1}, \overline{A_2}, \cdots, \overline{A_n}$ 也独立. 也就是说将 $A_1, A_2, \cdots, A_n$ 中任意几个换成其对立事件,它们仍然独立.

证明 思路同定理 1.3,略.

1.5.3　独立事件的乘法公式和加法公式

事件的独立性使得实际问题的计算得到简化.

（1）**加法公式的简化**　若 $A_1, A_2, \cdots, A_n$ 是相互独立的事件,则

$$P(A_1 \bigcup A_2 \bigcup \cdots \bigcup A_n) = 1 - P(\overline{A_1}\, \overline{A_2} \cdots \overline{A_n})$$
$$= 1 - P(\overline{A_1})P(\overline{A_2}) \cdots P(\overline{A_n}).$$

特别地,如果 $P(A_1) = P(A_2) = \cdots = P(A_n) = p$,则有 $P(\bigcup_{i=1}^{n} A_i) = 1 - (1 - p)^n$.

（2）**乘法公式的简化**　若事件 $A_1, A_2, \cdots, A_n$ 相互独立,则

$$P(A_1 A_2 \cdots A_n) = P(A_1)P(A_2) \cdots P(A_n).$$

例 1.28　设 A, B, C 相互独立,试证 $A \bigcup B$ 与 C 相互独立.

证明　由加法公式以及独立性有

$$P[(A \bigcup B)C] = P(AC \bigcup BC) = P(AC) + P(BC) - P(ABC)$$
$$= P(A)P(C) + P(B)P(C) - P(A)P(B)P(C)$$
$$= [P(A) + P(B) - P(A)P(B)]P(C)$$
$$= [P(A) + P(B) - P(AB)]P(C)$$
$$= P(A \bigcup B)P(C),$$

故 $A \bigcup B$ 与 C 独立.

例 1.29　设某种高射炮每次击中飞机的概率为 0.2,问至少需要多少门这种高射炮同时独立发射（每门射一次）,才能使击中飞机的概率达到 95% 以上?

解　设所需高射炮为 n 门, A 表示击中飞机的事件, $A_i (i = 1, 2, \cdots, n)$ 表示第 i 门高射炮击中飞机的事件,则由题意

$$P(A) = P(A_1 \bigcup A_2 \bigcup \cdots \bigcup A_n) \geqslant 95\%,$$

即

$$1 - P(\overline{A_1}\, \overline{A_2} \cdots \overline{A_n}) \geqslant 0.95.$$
$$1 - P(\overline{A_1})P(\overline{A_2}) \cdots P(\overline{A_n}) = 1 - (1 - 0.2)^n \geqslant 0.95,$$

于是

$$0.8^n \leqslant 0.05 \quad \Rightarrow \quad n \geqslant 14,$$

故至少需 14 门高射炮才能有 95% 以上把握击中飞机.

例 1.30（在可靠性理论上的应用）　如图 1.4 中, 1, 2, 3, 4, 5 表示继电器触点,假设每个触点闭合的概率为 p,且各继电器接点闭合与否相互独立,求 L 至 R 是通路的概率.

解　设 $A = \{L \ \text{至} \ R \ \text{为通路}\}, A_i = \{\text{第} \ i \ \text{个继电器通}\} (i = 1, 2, \cdots, 5)$,则

$$A = A\overline{A_3} \bigcup AA_3, \quad P(A \mid \overline{A_3}) = P(A_1 A_4 \bigcup A_2 A_5) = 2p^2 - p^4,$$

$$P(A \mid A_3) = P\{(A_1 \bigcup A_2)(A_4 \bigcup A_5)\}$$
$$= P(A_1 \bigcup A_2)P(A_4 \bigcup A_5) = (2p - p^2)^2,$$

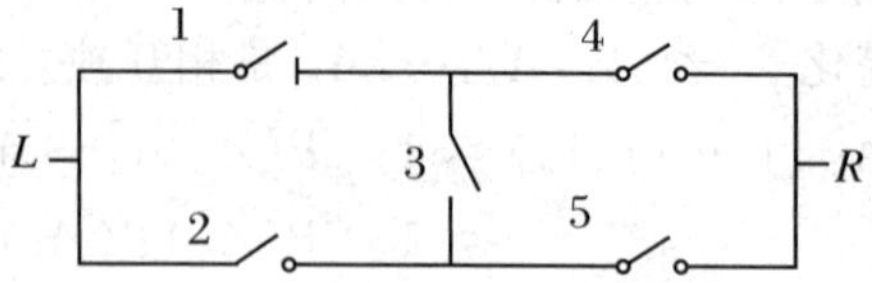

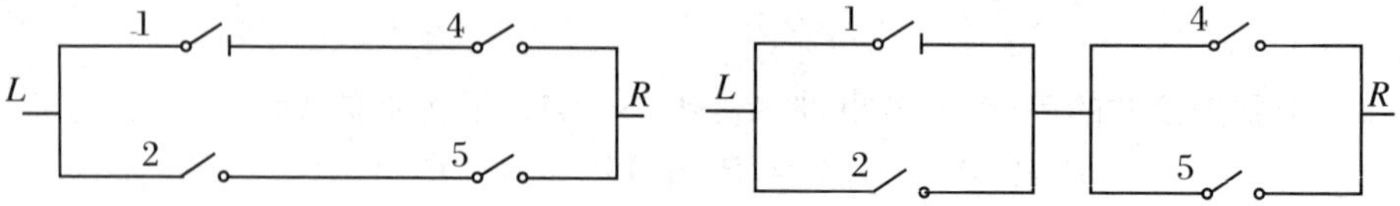

图 1.4

由全概率公式,有

$$P(A) = P(A \mid \overline{A_3})P(\overline{A_3}) + P(A \mid A_3)P(A_3)$$
$$= 2p^2 + 2p^3 - 5p^4 + 2p^5.$$

1.5.4 伯努利(Bernoulli)概型

定义 1.9 在完全相同的条件下重复进行 n 次试验,如果每次试验的结果互不影响,即每次试验的结果与其他各次试验的结果无关,则称这 n 次重复试验为 n 重独立试验.

特别地,如果每次试验只有两个对立的结果,即事件 A 和 $\overline{A}$,且 $P(A) = p$,$P(\overline{A}) = 1 - p = q$,则称这 n 重独立试验为 n 重伯努利试验,或伯努利概型.

定理 1.5 如果在 n 重伯努利试验中,事件 A 在每一次试验中发生的概率为 $p(0 < p < 1)$,则事件 A 在 n 次试验中恰好发生 k 次的概率 $P_n(k) = C_n^k p^k q^{n-k}(k = 0, 1, 2, \cdots, n)$,其中 $q = 1 - p$,则上式称为伯努利公式. 由于 $C_n^k p^k q^{n-k}$ 恰好是二项式 $(p + q)^n$ 的展开式中的第 $k + 1$ 项,故上式也称为二项概率公式.

证明 以 A_i 表示"在第 i 次试验中事件 A 发生","事件 A 恰好发生 k 次"等价来说就是从 $A_1, \cdots, A_n$ 中选取 k 个,剩下的全部取其对立的事件,如 $A_1 A_2 \cdots A_k \overline{A_{k+1}} \cdots \overline{A_n}, \cdots, \overline{A_1} \cdots \overline{A_{n-k}} A_{n-k+1} \cdots A_n$ 等这样的事件共有 C_n^k 个,且两两互斥. 由独立性知,每个这样的事件的概率 $= p^k q^{n-k}$,从而由加法公式得

$$P(\text{事件 } A \text{ 出现 } k \text{ 次}) = \overbrace{p^k q^{n-k} + \cdots + p^k q^{n-k}}^{C_n^k \text{个}} = C_n^k p^k q^{n-k}.$$

例 1.31 某车间有 5 台车床彼此独立地工作,由于工艺原因,每台车床实际

开动率为 0.8,求任一时刻:

(1) 车间内恰有 4 台车床在工作的概率;

(2) 车间内至少有 1 台车床在工作的概率.

解 因为各车床彼此独立地工作,且任一车床处于开动状态的概率为 $p = 0.8$,可以看成是 $n = 5, p = 0.8$ 的伯努利概型.

(1) 5 台车床中恰有 4 台开动的概率为

$$P_5(4) = C_5^4 \cdot 0.8^4 \cdot 0.2 = 0.409\,6.$$

(2) 设 $A = $ "5 台中至少有 1 台开动",则 $\overline{A} = $ "5 台中有 0 台开动",故

$$P(A) = 1 - P(\overline{A}) = 1 - C_5^0\, 0.8^0\, 0.2^5 = 0.999\,68.$$

例 1.32 设某种药物对某种疾病的治愈率为 0.8,现有 10 个这种病的患者同时服用此药,求其中至少有 6 个被治愈的概率.

解 把每个病人服此药当作一次试验,每个病人服药后被治愈(记作 A)的概率 $P(A) = 0.8$.

各患者被治愈与否是相互独立的,可以看成是 $n = 10, p = 0.8$ 的伯努利概型,从而所求概率为

$$P = \sum_{k=6}^{10} P_{10}(k) = \sum_{k=6}^{10} C_{10}^k\, 0.8^k\, 0.2^{10-k} \approx 0.97.$$

例 1.33 某大学的校乒乓球队与数学系乒乓球队举行对抗赛.校队的实力较系队为强,当一个校队运动员与一个系队运动员比赛时,校队运动员获胜的概率为 0.6.现在校、系双方商量对抗赛的方式,提了三种方案:

(1) 双方各出 3 人;

(2) 双方各出 5 人;

(3) 双方各出 7 人.

三种方案中均以比赛中得胜人数多的一方为胜利.问:对系队来说,哪一种方案有利?

解 设系队得胜人数为 ξ,则在上述三种方案中,系队胜利的概率分别为

(1) $P(\xi \geqslant 2) = \sum_{k=2}^{3} \binom{3}{k} (0.4)^k (0.6)^{3-k} \approx 0.352;$

(2) $P(\xi \geqslant 3) = \sum_{k=3}^{5} \binom{5}{k} (0.4)^k (0.6)^{5-k} \approx 0.317;$

(3) $P(\xi \geqslant 4) = \sum_{k=4}^{7} \binom{7}{k} (0.4)^k (0.6)^{7-k} \approx 0.290.$

由此可知第一种方案对系队最为有利(当然,对校队最为不利).这在直觉上是容易理解的,因为参加比赛的人数愈少,系队侥幸获胜的可能性也就愈大.如果双

方只出一个人比赛,则系队胜利的概率就是0.4.

习 题 1

1. 写出下列各试验的样本空间:

(1) 掷两颗骰子,分别观察其出现的点数;

(2) 盒中有红球、白球和黑球各一只,从盒中不放回地连取两球;

(3) 一人射靶三次,观察中靶的次数;

(4) 某跳高运动员跳高,观察其跳的高度.

2. 任意掷一颗骰子,观察出现的点数.设 A 表示事件"出现偶数点",B 表示事件"出现的点数能被 3 整除".

(1) 写出试验的样本空间.

(2) 把 A,B 表成样本点的集合.

(3) $\overline{A},\overline{B},A \bigcup B,AB,\overline{A \bigcup B}$ 分别表示什么事件?并把它们用样本点表示出来.

3. 设 A,B,C 为事件,试将下列事件用 A,B,C 表示出来:

(1) 仅 A 发生;　　　　　　　　　　(2) A,B,C 都发生;

(3) A,B,C 都不发生;　　　　　　　(4) A,B,C 不都发生;

(5) A 不发生,且 B,C 中至少有一事件发生;

(6) A,B,C 至少有一个发生;　　　　(7) A,B,C 恰有一个发生;

(8) A,B,C 中至少有两个事件发生;　(9) A,B,C 中至多有一个发生.

4. 以 A 表示事件"甲射击命中",B 表示"乙射击命中",C 表示"丙射击命中",试用语言表述下列事件:

(1) $\overline{A} \bigcup \overline{B} \bigcup \overline{C}$; (2) $\overline{A \bigcup B}$; (3) $AB\overline{C} + \overline{A}BC$; (4) $\overline{A \bigcup B \bigcup C}$; (5) $\overline{AB}$.

5. 说出下列事件之间的关系:

(1) "20 件产品全是合格品"与"20 件产品中恰有一件次品";

(2) "20 件产品全是合格品"与"20 件产品中至少有一件次品";

(3) "20 件产品全是合格品"与"20 件产品中至少有 6 件合格品".

6. 证明下列关系相互等价:

$$A \subset B, \quad \overline{A} \supset \overline{B}, \quad A \bigcup B = B, \quad A \bigcap B = A, \quad A\overline{B} = \varnothing.$$

7. 指出下列各式成立的条件,并说明条件的意义:

(1) $ABC = A$;　　　　　　　　　　(2) $A \bigcup B \bigcup C = A$;

(3) $A \bigcup B = AB$;　　　　　　　(4) $(A \bigcup B) \backslash B = A$.

8. 已知 $P(A) = 0.4, P(B) = 0.25, P(A\backslash B) = 0.25$,求 $P(AB), P(A \bigcup B), P(B\backslash A), P(\overline{A}\overline{B})$.

9. 已知 $P(A) = 0.5, P(B) = 0.4$，试在下列条件下计算 $P(A \bigcup B), P(A \backslash B), P(AB)$：

(1) A, B 互斥；　(2) $A \supset B$；　(3) A, B 独立.

10. 一幢 10 层大楼的一部电梯，从底层载客 7 人，且在每一层离开电梯是等可能的．求没有两位乘客在同一层离开的概率.

11. 某班有 50 名同学，求至少有两位同学的生日在同一天的概率（一年按 365 天计算）.

12. 两封信随机地投入 4 个邮筒，求前两个邮筒没有信的概率以及第一个邮筒恰有一封信的概率.

13. 一辆交通车载客 25 人，途经 9 个站，每位乘客在任一站随机下车，交通车只在有乘客下车时才停车，求下列各事件的概率：

(1) 交通车在第 i 站停车；

(2) 交通车在第 i 站和第 j 站至少有一站停车；

(3) 交通车在第 i 站有 3 人下车.

14. 甲袋中有 3 只白球、7 只红球、15 只黑球，乙袋中有 10 只白球、6 只红球、9 只黑球，现在从两袋中各取一球，求两球颜色相同的概率.

15. 将 $2n$ 个球队按任意方式分成两组，每组 n 个队，求最强的两个队不在同一组的概率.

16. 一个袋中装有 5 个红球、3 个白球、2 个黑球，从中任取 3 个球，求其中恰有一个红球、一个白球、一个黑球的概率.

17. 将 6 名男生和 6 名女生随机地分成两组，每组 6 人，求每组各有 3 名男生的概率.

18. 在桥牌比赛中，把 52 张牌任意地分给东、南、西、北四家（每家 13 张牌），求北家的 13 张牌中：

(1) 恰有 5 张黑桃、4 张红心、3 张方块、1 张草花的概率；

(2) 恰有大牌 A, K, Q, J 各 1 张，其余为小牌的概率.

19. 在某港口处，有两船欲靠同一码头，设两船到达码头时间彼此无关，而各自到达时间在一昼夜是等可能的，如果此两船在码头停留的时间分别是 1 和 2 小时，试求一船要等待空出码头的概率.

20. 在正方形 $\{(p, q): | p | \leqslant 1, | q | \leqslant 1\}$ 中任取一点，求使方程
$$x^2 + px + q = 0$$

(1) 有实根的概率；

(2) 有两正根的概率.

21. 一袋中装有 a 个黑球、b 个白球，不放回地取两球.

(1) 已知第一次取出的是黑球，求第二次取出的仍是黑球的概率；

(2) 已知取出的两个球中有一个黑球，求另一个球也是黑球的概率.

22. 已知 A 是 (Ω, B, P) 上的事件，$P(A) > 0$，证明：

(1) 如果 $B \supset A$，则 $P(B \mid A) = 1$；

(2) 若 B_1, B_2 为事件，且 $B_1 B_2 = \varnothing$，则 $P(B_1 \bigcup B_2 \mid A) = P(B_1 \mid A) + P(B_2 \mid A)$.

23. 一个家庭中有两个小孩，

(1) 已知其中有一个是女孩，求另一个也是女孩的概率；

(2) 已知第一胎是女孩，求第二胎也是女孩的概率.

24. 某射击小组共有20名射手,其中一级射手4人,二级射手8人,三级射手7人,四级射手1人,一、二、三、四级射手能通过选拔进入比赛的概率分别是0.9,0.7,0.5,0.2.求任取一位射手,他能通过选拔进入比赛的概率.

25. 某商店收进甲、乙厂生产的同种商品分别为30箱、20箱,甲厂产品每箱装100个,次品率为0.06,乙厂产品每箱装120个,次品率为0.05.

(1) 任取一箱,从中任取一个产品,求其为次品的概率;

(2) 所有产品混装,任取一个产品,求其为次品的概率.

26. 12个乒乓球中有9个新球、3个旧球,第一次比赛,取出3个球,用完放回,第二次比赛又取出3个球.

(1) 求第二次取出的3个球中有两个新球的概率;

(2) 若第二次取出的3个球中有两个新球,求第一次取到的球中恰有一个新球的概率.

27. 已知5%的男人和0.25%的女人是色盲,假设男人数与女人数相等,现随机取一人,发现是色盲,问此人是男人的概率是多少?若居民中男人总数是女人总数的两倍,这个概率又是多少?

28. 设A,B为两个事件,已知$P(A) = p_1 > 0,P(B) = p_2 > 0$,且$p_1 + p_2 > 1$,证明:

$$P(B \mid A) > 1 - \frac{1 - p_2}{p_1}.$$

29. 设$0 < P(A) < 1$,且$P(B \mid A) = P(B \mid \overline{A})$,证明$A,B$独立.

30. 一个工人看管3台车床,在一小时内车床不需要工人照管的概率分别是0.9,0.8,0.7.求在一小时内三台车床最多有一台需要工人照管的概率.

31. 一个教室里有4名一年级男生、6名一年级女生、6名二年级男生,为使从该教室内随机地选一名学生时,其性别与年级是相互独立的,试问教室里还应有多少个二年级女生?

32. 对同一目标进行射击,甲、乙、丙命中的概率分别是0.4,0.5,0.7,试求:

(1) 这三个人中恰有一人命中目标的概率;

(2) 至少有一人命中目标的概率.

33. 10名射手的命中率都是1/5,现向同一目标彼此独立地各射击一次,试求:

(1) 10人都没有击中的概率;

(2) 恰有1人命中的概率;

(3) 至少有两人命中的概率.

34. 设在4次独立试验中事件A出现的概率相同,若已知事件A至少发生一次的概率等于65/81,求事件A在一次试验中出现的概率是多少?

35. 高射炮向敌机发三发炮弹,每发炮弹击中敌机的概率均为0.3,又知若敌机中一弹,其坠落的概率为0.2,若敌机中两弹,其坠落的概率为0.6,若中三弹则必坠落,求:

(1) 敌机被击落的概率;

(2) 若敌机被击落,它中两弹的概率.

36*. n个人站成一行,其中有A,B两人,问夹在A,B之间恰有r个人的概率是多少?若n个人围成一圈,求从A到B的顺时针方向,A与B之间恰有r个人的概率.

37*. 从n双不同尺码的鞋子中任取$2r(2r < n)$只,求下列事件的概率:

（1）所取 $2r$ 只鞋子没有两只成对的；

（2）所取 $2r$ 只鞋子中只有 2 只成对的；

（3）所取 $2r$ 只鞋子恰成 r 对.

38*. 一根长为 l 的棍子从任意两点折断,试计算三段能围成三角形的概率.

39*. 设有来自三地区的 10 名、15 名、25 名考生的报名表,其中女生报名表分别为 3 份、7 份、5 份,随机地取一地区报名表,从中取两份.

（1）求先抽到的是女生报名表的概率；

（2）已知后抽到的是男生表,求先抽到的是女生报名表的概率.

40*. 通信中,传送字符 $AAAA$, $BBBB$, $CCCC$ 三者之一,由于通信中存在干扰,正确接收字母的概率为 0.6,接收其他两个字母的概率均为 0.2,若前后字母是否被歪曲互不影响.

（1）求收到字符 $ABCA$ 的概率；

（2）若收到字符 $ABCA$,它本来是 $AAAA$ 的概率又是多大？

第 2 章　　随机变量及其数字特征

为了全面研究随机试验的结果,揭示随机现象的统计规律性,我们将随机试验的结果与实数对应起来,将随机试验的结果数量化,引入随机变量的概念.用随机变量来描述随机现象,使得概率论从研究定性的事件及其概率扩大为研究定量的随机变量及其分布,从而扩充了研究概率论的数学工具,特别是便于使用经典分析工具,使得概率论真正成为一门数学学科.本章将介绍两类随机变量 —— 离散型和连续型随机变量,并讨论其概率分布,最后讨论反映随机变量统计规律中的某些重要特征,这就是所谓的随机变量的数字特征.

2.1　随机变量

由前面的介绍知,一些随机试验的结果直接与数值有关,也有一些随机试验的结果虽不直接与数值有关,但稍加处理后也可以与数值产生联系.在实际问题中,人们常常不是关心试验结果的本身,而是对与试验结果联系的某个数感兴趣.

例 2.1　五件产品中有两件次品(用 1,2 表示)、三件正品(用 3,4,5 表示),从中任取两件.我们对抽出的两件产品中次品的件数感兴趣,而不关心具体抽到的哪些产品.试验的样本空间 $\Omega = \{(i,j) : 1 \leqslant i < j \leqslant 5\}$,以 X 表示抽出的两件产品中次品的件数,对于每一个试验结果都有一个数与之对应.

例 2.2　将一枚硬币抛掷 3 次,我们对三次投掷中出现正面的总次数感兴趣,而对正面、反面出现的顺序不关心.以 X 表示三次投掷中出现正面的总次数,那么对于样本空间 Ω 中的每一个样本点 ω,X 都有一个数与之对应,见表 2.1.

表 2.1

样本点	(H,H,H)	(H,H,T)	(H,T,H)	(T,H,H)	(H,T,T)	(T,H,T)	(T,T,H)	(T,T,T)
X 的值	3	2	2	2	1	1	1	0

定义 2.1　设随机试验的样本空间为 Ω,$X = X(\omega)$ 是定义在 Ω 上的实值函数,称 X 为随机变量.

本书中,我们一般以大写字母 X,Y,Z 等表示随机变量.

引入随机变量之后,原来概率空间中所讨论的事件都可以用随机变量来表示. 例如在例 2.1 中,由 X 的定义,$\{\omega:X(\omega)=0\}=\{(3,4),(3,5),(4,5)\}$ 表示"没有取到次品"事件.今后,将 $\{\omega:X(\omega)=0\}$ 简记为 $(X=0)$.类似地,$(X\leqslant 1)$ 表示"至多有一件次品"事件,$(X\geqslant 1)$ 表示"至少有一件次品"事件.

一般地,对任意实数 $a,b,(X=a),(X<a),(a\leqslant X<b)$ 都应当表示事件, 这一要求应包括在随机变量的定义之中,一般来说,不满足的情况在实际应用中很少出现,因此我们在随机变量的定义中未提及这一要求.

在实际问题中,要精确地把样本空间描述出来有时是非常困难的;而人们真正关心的某个随机变量的取值,却容易观察或测量.例如,要观察某商店一天的营业情况,这里涉及流动的顾客、变化的商品信息、众多营业员的工作情况等等,要精确地描述出样本空间十分困难.但要知道该店一天的营业额 X 却很容易做到.这表明引入随机变量的概念更便于对实际问题做深入的研究.

2.2　离散型随机变量及其分布列

定义 2.2　若随机变量 X 只取有限个值或可列个值,则称 X 为离散型随机变量.

定义 2.3　若离散型随机变量 X 的可能取值为 $a_1,a_2,\cdots$,记

$$p_i=P(X=a_i)\quad(i=1,2,\cdots),\tag{2.1}$$

称 $\{p_i\}_{i=1}^{\infty}$ 为 X 的分布列(或分布律或概率分布).常将分布列表示为如下两种的形式.

$$\begin{bmatrix} a_1 & a_2 & \cdots & a_i & \cdots \\ p_1 & p_2 & \cdots & p_i & \cdots \end{bmatrix}\quad\text{或}$$

X	a_1	a_2	$\cdots$	a_i	$\cdots$
$P(X=a_i)$	p_1	p_2	$\cdots$	p_i	$\cdots$

根据概率的性质,可知离散型随机变量的分布列具有下列性质:

(1)

$$p_i\geqslant 0\quad(i=1,2,\cdots);\tag{2.2}$$

(2)

$$\sum_{i=1}^{\infty}p_i=1.\tag{2.3}$$

(2) 成立是由于 $\Omega=\bigcup_{i=1}^{\infty}(X=a_i)$,且 $(X=a_i)\bigcap(X=a_j)=\varnothing(i\neq j)$,

故

$$1 = P\left[\bigcup_{i=1}^{\infty}(X = a_i)\right] = \sum_{i=1}^{\infty} P(X = a_i) = \sum_{i=1}^{\infty} p_i.$$

可以证明具有性质(1),(2)的$\{p_i\}_{i=1}^{\infty}$一定是某个离散型随机变量的分布列(证明超出本书范围,从略).

例 2.3 将一枚硬币抛掷3次,以 X 表示三次投掷中出现正面的总次数,求 X 的分布列.

解 X 的可能值为 $0,1,2,3$,则

$$P(X = 0) = \left(1 - \frac{1}{2}\right)^3 = \frac{1}{8},$$

$$P(X = 1) = C_3^1 \frac{1}{2}\left(1 - \frac{1}{2}\right)^2 = \frac{3}{8},$$

$$P(X = 2) = C_3^2 \left(\frac{1}{2}\right)^2\left(1 - \frac{1}{2}\right) = \frac{3}{8},$$

$$P(X = 3) = \left(\frac{1}{2}\right)^3 = \frac{1}{8}.$$

下面介绍三种重要的离散型随机变量.

1. 二项分布

在 n 重伯努利试验中,设 X 表示 n 重伯努利试验中事件 A 发生的次数,则 X 的可能取值为 $0,1,\cdots,n$,且

$$P(X = k) = C_n^k p^k (1 - p)^{n-k} \quad (k = 0,1,\cdots,n). \tag{2.4}$$

易见

$$\sum_{k=0}^{n} P(X = k) = [p + (1 - p)]^n = 1.$$

此分布称为二项分布,记为 $B(n,p)$.若 X 的分布列为二项分布 $B(n,p)$,则称 X 服从参数为 n,p 的二项分布,记为 $X \sim B(n,p)$.记 $b(k;n,p) = P(X = k)$.

特别当 $n = 1$ 时,二项分布为 $\begin{pmatrix} 0 & 1 \\ 1 - p & p \end{pmatrix}$,这个分布列称为 **0 - 1 分布**或**两点分布**.

例 2.4 某种药品的过敏反应率为 0.02,今有 400 人使用此药品,求 400 人中至少有 2 人发生过敏反应的概率.

解 以 X 表示 400 人中发生过敏反应的人数,则 X 服从二项分布 $B(400,0.02)$,所求的概率为

$$
\begin{aligned}
P(X \geqslant 2) &= 1 - P(X = 0) - P(X = 1) \\
&= 1 - 0.98^{400} - C_{400}^1 \cdot 0.02 \cdot 0.98^{399} \\
&= 0.997\,2.
\end{aligned}
$$

这个概率很接近于 1. 这表明虽然药品的过敏反应率很低, 但如果 400 人使用此药品, 则至少有 2 人发生过敏反应是几乎可以肯定的. 这一事实说明, 一个事件尽管在一次试验中发生的概率很小, 但只要试验的次数很多, 而且试验是独立地进行的, 那么这一事件的发生几乎是肯定的, 这告诉人们决不能轻视小概率事件.

2. 几何分布

在伯努利试验中, 事件 A 发生的概率为 p, 试验一直进行到 A 发生时为止, 以 X 表示直到事件 A 发生时所进行的试验次数, 则 X 的可能取值为 $1, 2, \cdots$, 其分布列为

$$P(X = k) = (1 - p)^{k-1} p \quad (k = 1, 2, \cdots). \tag{2.5}$$

易见

$$\sum_{k=1}^{\infty} P(X = k) = \sum_{k=1}^{\infty} (1 - p)^{k-1} p = p \sum_{k=1}^{\infty} (1 - p)^{k-1} = 1.$$

此分布列称为几何分布, 记为 $G(p)$. 若 X 的分布列为几何分布 $G(p)$, 则称 X 服从参数为 p 的几何分布, 记为 $X \sim G(p)$.

3. 泊松分布

如果随机变量 X 的分布列为

$$P(X = k) = \frac{\lambda^k}{k!} \mathrm{e}^{-\lambda} \quad (k = 0, 1, 2, \cdots), \tag{2.6}$$

其中 $\lambda > 0$, 则称 X 服从参数为 λ 的泊松分布, 记为 $X \sim P(\lambda)$.

易知

$$\sum_{k=0}^{\infty} \frac{\lambda^k}{k!} \mathrm{e}^{-\lambda} = \mathrm{e}^{-\lambda} \sum_{k=0}^{\infty} \frac{\lambda^k}{k!} = \mathrm{e}^{-\lambda} \mathrm{e}^{\lambda} = 1.$$

即 $P(X = k)$ 满足式 $(2.2), (2.3)$.

泊松分布是实际中经常遇到的一类分布, 例如, 某网站单位时间内的点击次数、某医院在一天内的急诊病人数、在一定时间间隔内某种放射性物质发出的经过计数器的 α 粒子数等都近似服从泊松分布.

例 2.5　一商店的某种商品月销售量 X 服从参数为 $\lambda = 10$ 的泊松分布.

(1) 求该商店每月销售 20 件以上的概率;

(2) 要以 95% 以上的把握保证不脱销, 商店上月底至少应进该商品多少件?

解　(1) $P(X \geqslant 20) = \sum_{k=20}^{\infty} \frac{10^k}{k!} \mathrm{e}^{-10} = 1 - \sum_{k=1}^{19} \frac{10^k}{k!} \mathrm{e}^{-10} \approx 0.003\,454.$

(2) 即要求使 $P(X \leqslant n) \geqslant 0.95$ 成立的最小整数 n.

查附录的泊松分布表知

$$\sum_{k=0}^{14} \frac{10^k}{k!} \mathrm{e}^{-10} \approx 0.916\,6 < 0.95,$$

$$\sum_{k=0}^{15} \frac{10^k}{k!} \mathrm{e}^{-10} \approx 0.951\,3 > 0.95,$$

故商店上月底至少应进 15 件该商品,才能以 95% 以上的把握保证不脱销.

定理 2.1(泊松定理) 设 n 重伯努利试验中,事件 A 在一次试验中出现的概率为 p_n(p_n 与 n 有关),若 $n \to \infty$ 时,$np_n \to \lambda(\lambda > 0$,常数),则有

$$\lim_{n \to \infty} b(k; n, p_n) = \frac{\lambda^k}{k!} e^{-\lambda} \quad (k = 0, 1, 2, \cdots). \tag{2.7}$$

证明 令 $\lambda_n = np_n$,则 $\lambda_n \to \lambda$,且 $p_n = \dfrac{\lambda_n}{n}$,

$$
\begin{aligned}
b(k; n, P_n) &= \binom{n}{k} p_n^k (1 - p_n)^{n-k} \\
&= \frac{n(n-1) \cdots (n-k+1)}{k!} \left(\frac{\lambda_n}{n}\right)^k \left(1 - \frac{\lambda_n}{n}\right)^{n-k} \\
&= \frac{\lambda_n^k}{k!} \frac{n(n-1) \cdots (n-k+1)}{n^k} \frac{\left(1 - \dfrac{\lambda_n}{n}\right)^n}{\left(1 - \dfrac{\lambda_n}{n}\right)^k}.
\end{aligned}
$$

对固定的 k,注意到

$$
\begin{aligned}
\frac{n(n-1) \cdots (n-k+1)}{n^k} &= \frac{n}{n} \frac{n-1}{n} \cdots \frac{n-k+1}{n} \\
&= 1\left(1 - \frac{1}{n}\right) \cdots \left(1 - \frac{k-1}{n}\right) \xrightarrow{n \to \infty} 1,
\end{aligned}
$$

$$\left(1 - \frac{\lambda_n}{n}\right)^n \xrightarrow{n \to \infty} e^{-\lambda}, \quad \left(1 - \frac{\lambda_n}{n}\right)^k \xrightarrow{n \to \infty} 1, \quad \lambda_n^k \xrightarrow{n \to \infty} \lambda^k.$$

从而

$$b(k; n, p_n) \xrightarrow{n \to \infty} \frac{\lambda^k}{k!} e^{-\lambda}.$$

根据泊松定理,当 n 充分大,p 较小,且 np 适中(一般说来 $p \leqslant 0.1$ 时),有 $b(k; n, p) \approx \dfrac{(np)^k}{k!} e^{-np}$. 这就是二项分布的近似计算公式.

例 2.6 某人进行射击,设每次射击的命中率为 0.001,独立射击 $5\,000$ 次,求恰好命中 6 次的概率.

解 以 X 表示 $5\,000$ 次射击中命中的次数,则 X 服从二项分布 $B(5\,000, 0.001)$,注意到 $n = 5\,000$ 很大,$p = 0.001$ 很小,故由泊松定理,所求的概率为

$$P(X = 6) = C_{5\,000}^6 0.001^6 (1 - 0.001)^{5\,000 - 6}$$

$$\approx \frac{5^6}{6!} e^{-5} \approx 0.146\,2.$$

2.3　随机变量的分布函数

在自然界和生产实践中,很多随机试验的随机变量的可能值充满某一区间,此时,就不能像离散型随机变量那样用分布列来描述它们的统计规律性.再者,对于某些随机变量,例如误差 X、电器的使用寿命 Y 等,我们不会对这些随机变量取具体数值的概率感兴趣,而是考虑误差 X 落在某个区间的概率、电器的使用寿命 Y 大于某个数的概率.因此我们转而研究随机变量的可能值落在一个区间的概率 $P(a < X \leqslant b)$,但由于 $P(a < X \leqslant b) = P(X \leqslant b) - P(X \leqslant a)$,所以我们只需知道 $P(X \leqslant b)$ 和 $P(X \leqslant a)$ 就可以了.下面引入随机变量的分布函数的概念.

定义 2.4　设 X 是一个随机变量,称
$$F(x) = P(X \leqslant x) \quad (x \in \mathbf{R}) \tag{2.8}$$
是随机变量 X 分布函数.

分布函数是一个普通函数,正是通过它,我们可以用数学分析的工具来研究随机变量.

由概率的性质可以推出,分布函数具有下述性质:

定理 2.2　设随机变量 X 的分布函数为 $F(x)$,则

(1) **单调性**　对任意实数 $x_1 < x_2$,有 $F(x_1) \leqslant F(x_2)$;

(2) **规范性**　$F(-\infty) \overset{d}{=} \lim\limits_{x \to -\infty} F(x) = 0, F(+\infty) \overset{d}{=} \lim\limits_{x \to +\infty} F(x) = 1$;

(3) **右连续性**　对一切 $x \in \mathbf{R}, F(x + 0) = F(x)$.

反过来,任意满足上述三个性质的函数,一定可以作为某个随机变量的分布函数.

命题 2.1　设随机变量 X 的分布函数为 $F(x)$,则对任意实数 x,

(1)
$$P(X < x) = F(x - 0); \tag{2.9}$$

(2)
$$P(X = x) = F(x) - F(x - 0). \tag{2.10}$$

例 2.7　设离散型随机变量 X 的分布列为 $\begin{bmatrix} 0 & 1 \\ \dfrac{1}{3} & \dfrac{2}{3} \end{bmatrix}$,求 X 的分布函数.

解　由于
$$(X \leqslant x) = \begin{cases} 0, & x < 0, \\ (X = 0), & 0 \leqslant x < 1, \\ (X = 0) \bigcup (X = 1), & x \geqslant 1, \end{cases}$$

故

$$F(x) = P(X \leqslant x) = \begin{cases} 0, & x < 0, \\ \dfrac{1}{3}, & 0 \leqslant x < 1, \\ \dfrac{1}{3} + \dfrac{2}{3}, & x \geqslant 1. \end{cases}$$

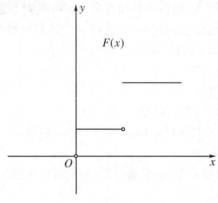

图 2.1

一般地,设离散型随机变量 X 的分布列为 $p_i = P(X = a_i)(i = 1,2,\cdots)$,则 X 的分布函数为 $F(x) = P(X \leqslant x) = \sum\limits_{i: a_i \leqslant x} P(X = a_i) = \sum\limits_{i: a_i \leqslant x} p_i$.

于是结合式(2.10)知,离散型随机变量的分布列与分布函数相互唯一确定,但用分布列来描述离散型随机变量更为直观方便.

例 2.8 设随机变量 X 的分布函数为

$$F(x) = \begin{cases} 0, & x < -1, \\ \dfrac{1}{4}, & -1 \leqslant x < 2, \\ \dfrac{3}{4}, & 2 \leqslant x < 3, \\ 1, & x \geqslant 3, \end{cases}$$

求 $P\left(X \leqslant \dfrac{1}{2}\right), P(2 \leqslant X \leqslant 3)$.

解 $P\left(X \leqslant \dfrac{1}{2}\right) = F\left(\dfrac{1}{2}\right) = \dfrac{1}{4}$,

$P(2 \leqslant X \leqslant 3) = P(X \leqslant 3) - P(X < 2)$

$= F(3) - F(2 - 0) = 1 - \dfrac{1}{4} = \dfrac{3}{4}$.

例 2.9　向区间 $[a,b]$ 内投点,点落入区间 $[a,b]$ 的任何子区间的概率只与该区间的长度成正比,X 表示投点的坐标,求 X 的分布函数.

解　若 $x < a$,则 $(X \leqslant x) = \varnothing$,故 $F(x) = P(X \leqslant x) = 0$;

若 $a \leqslant x < b$,由几何概型知,$P(X \leqslant x) = \dfrac{x-a}{b-a}$;

若 $x \geqslant b$,由题意 $(X \leqslant x)$ 是必然事件,故 $F(x) = P(X \leqslant x) = 1$.
综合上述,X 的分布函数为

$$F(x) = \begin{cases} 0, & x < a, \\ \dfrac{x-a}{b-a}, & a \leqslant x < b, \\ 1, & x \geqslant b. \end{cases}$$

2.4　连续型随机变量及其概率密度

定义 2.5　设随机变量 X 的分布函数为 $F(x)$,如果存在非负可积函数 $p(x)$,使对任意 $x \in \mathbf{R}$,有

$$F(x) = \int_{-\infty}^{x} p(y)\mathrm{d}y, \tag{2.11}$$

则称 X 为连续型随机变量,相应的 $F(x)$ 称为连续型分布函数,同时称 $p(x)$ 为 X 的概率密度函数,简称概率密度.

由式(2.11)知连续型随机变量的分布函数是连续函数.从而对任意的 x,有
$$P(X = x) = 0.$$
在这里 $(X = x)$ 并非不可能事件,但有 $P(X = x) = 0$.这就是说,不可能事件概率必为 0,但概率为 0 的事件未必是不可能事件.

由积分的区间可加性知,对任意的实数 $a,b(a < b)$,有
$$P(a \leqslant X \leqslant b) = P(a < X < b) = P(a \leqslant X < b)$$
$$= P(a < X \leqslant b) = F(b) - F(a) = \int_{a}^{b} p(x)\mathrm{d}x.$$
此外,$p(x)$ 在点 x 处连续,则 $F'(x) = p(x)$.

由分布函数的性质及概率密度的定义,易知密度函数具有以下性质:

(1) $p(x) \geqslant 0$;

(2) $\displaystyle\int_{-\infty}^{+\infty} p(x)\mathrm{d}x = 1$.

反之,任意一个具有上述两个性质的函数 $p(x)$ 一定是某个连续型随机变量的密度函数.

由定积分的几何意义知(2)表明介于曲线 $y = p(x)$ 及 x 轴之间的面积为1.

例 2.10 设随机变量 X 的概率密度 $p(x) = \dfrac{C}{1 + x^2}$. 求(1) C;(2) X 的分布函数;(3) $P(0 \leqslant X \leqslant 1)$.

解 (1) $1 = \displaystyle\int_{-\infty}^{+\infty} p(y)\mathrm{d}y = \int_{-\infty}^{+\infty} \frac{C}{1 + y^2}\mathrm{d}y = \pi C$,故 $C = \dfrac{1}{\pi}$.

(2) $F(x) = \displaystyle\int_{-\infty}^{x} p(y)\mathrm{d}y = \int_{-\infty}^{x} \frac{1}{\pi(1 + y^2)}\mathrm{d}y = \frac{1}{\pi}\left(\arctan x + \frac{\pi}{2}\right)$.

(3) $P(0 \leqslant X \leqslant 1) = \displaystyle\int_{0}^{1} \frac{1}{\pi(1 + y^2)}\mathrm{d}y = \frac{1}{\pi} \cdot \frac{\pi}{4} = \frac{1}{4}$.

下面介绍三种重要的连续型随机变量.

1. 均匀分布

若 X 的概率密度为 $p(x) = \begin{cases} \dfrac{1}{b - a}, & a < x < b, \\ 0, & \text{其他}, \end{cases}$ 则称 X 服从 (a, b) 上的均匀分布,记为 $X \sim U(a, b)$.

若 $X \sim U(a, b)$,容易求出 X 的分布函数为

$$F(x) = \begin{cases} 0, & x < a, \\ \dfrac{x - a}{b - a}, & a \leqslant x < b, \\ 1, & x \geqslant b. \end{cases}$$

2. 指数分布

我们从一个实际问题引入指数分布. 考虑一件玻璃制品的耐用时间 X,在 $[0, t]$ 这段时间内,若玻璃制品受到 1 次或更多次强击,它就会损坏;若不受强击,则不会损坏. 假设在 $[0, t]$ 内玻璃制品受到强击的次数 Y 服从参数为 λt 的泊松分布,易见当 $t \leqslant 0$ 时,$F_X(t) = P(X \leqslant t) = 0$,当 $t > 0$ 时,

$$F_X(t) = P(X \leqslant t) = P(Y \geqslant 1) = 1 - P(Y = 0) = 1 - \mathrm{e}^{-\lambda t},$$

于是 X 的分布函数为

$$F_X(t) = \begin{cases} 1 - \mathrm{e}^{-\lambda t}, & t > 0, \\ 0, & t \leqslant 0, \end{cases}$$

从而 X 的密度函数为

$$p(t) = \begin{cases} \lambda \mathrm{e}^{-\lambda t}, & t > 0, \\ 0, & t \leqslant 0. \end{cases}$$

一般地,若 X 的密度函数 $p(x) = \begin{cases} \lambda \mathrm{e}^{-\lambda x}, & x > 0, \\ 0, & x \leqslant 0, \end{cases}$ 其中 $\lambda > 0$,则称 X 服从参数为 λ 指数分布,记为 $X \sim E(\lambda)$.

服从指数分布的随机变量具有以下有趣的性质:

对任意的 $s > 0, t > 0$ 有

$$P(X > s + t \mid X > s) = P(X > t). \tag{2.12}$$

事实上

$$P(X > s + t \mid X > s) = \frac{P(X > s + t, X > s)}{P(X > s)} = \frac{P(X > s + t)}{P(X > s)}$$

$$= \frac{1 - F(s + t)}{F(s)} = \frac{\mathrm{e}^{-\lambda(s+t)}}{\mathrm{e}^{-\lambda s}} = \mathrm{e}^{-\lambda t} = P(X > t).$$

性质 (2.12) 称为无记忆性.如果 X 是某一元件的使用寿命,那么式(2.12)表明:已知元件使用了 s 时间,它还能使用 t 时间的条件概率,与从开始使用时算起它至少能用 t 时间的概率相等.这就是说,元件对它已使用过 s 时间没有记忆.指数分布这一性质在可靠性理论和排队论中有广泛的应用.

3. 正态分布

若 $\mu, \sigma(\sigma > 0)$ 是两个常数,则

$$p(x) = \frac{1}{\sqrt{2\pi}\sigma}\mathrm{e}^{-\frac{(x-\mu)^2}{2\sigma^2}} \quad (-\infty < x < +\infty) \tag{2.13}$$

是一个概率密度,事实上,显然 $p(x) \geqslant 0$,下证 $\int_{-\infty}^{\infty} \frac{1}{\sigma\sqrt{2\pi}}\mathrm{e}^{-\frac{(x-\mu)^2}{2\sigma^2}}\mathrm{d}x = 1$,

$$I^2 = \int_{-\infty}^{\infty}\mathrm{e}^{-\frac{t^2}{2}}\mathrm{d}t\int_{-\infty}^{\infty}\mathrm{e}^{-\frac{s^2}{2}}\mathrm{d}s = \int_{-\infty}^{\infty}\int_{-\infty}^{\infty}\mathrm{e}^{-(t^2+s^2)/2}\mathrm{d}t\mathrm{d}s = \int_0^{2\pi}\mathrm{d}\theta\int_0^{\infty}\mathrm{e}^{-\frac{r^2}{2}}r\mathrm{d}r = 2\pi,$$

$$\int_{-\infty}^{\infty}\frac{1}{\sigma\sqrt{2\pi}}\mathrm{e}^{-\frac{(x-\mu)^2}{2\sigma^2}}\mathrm{d}x = \frac{1}{\sqrt{2\pi}}\cdot I = \frac{1}{\sqrt{2\pi}}\cdot\sqrt{2\pi} = 1.$$

这个概率密度称为正态密度.相应的分布函数

$$F(x) = \int_{-\infty}^{x}\frac{1}{\sigma\sqrt{2\pi}}\mathrm{e}^{-\frac{(t-\mu)^2}{2\sigma^2}}\mathrm{d}t \quad (-\infty < x < +\infty) \tag{2.14}$$

称为正态分布,记为 $N(\mu, \sigma^2)$.若 X 的密度函数为正态密度,则称 X 为正态随机变量.

正态分布的密度曲线是一条关于 $x = \mu$ 对称的钟形曲线.特点是"两头小,中间大,左右对称",如图 2.2.

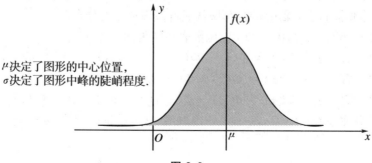

μ 决定了图形的中心位置,
σ 决定了图形中峰的陡峭程度.

图 2.2

特别称 $N(0,1)$ 分布为标准正态分布，其密度函数记为 $\varphi(x)$，相应的分布函数记为 $\Phi(x)$，即

$$\varphi(x) = \frac{1}{\sqrt{2\pi}}\mathrm{e}^{-\frac{x^2}{2}}, \quad \Phi(x) = \int_{-\infty}^{x}\varphi(y)\mathrm{d}y. \tag{2.15}$$

注意到 $\varphi(x)$ 是偶函数，对任意的 x，

$$\Phi(-x) = \int_{-\infty}^{-x}\varphi(y)\mathrm{d}y \xlongequal{t=-y} \int_{x}^{+\infty}\varphi(-t)\mathrm{d}t$$

$$= \int_{x}^{+\infty}\varphi(t)\mathrm{d}t = 1 - \int_{-\infty}^{x}\varphi(t)\mathrm{d}t = 1 - \Phi(x).$$

人们已编制了 $\Phi(x)$ 的函数表，以便查用.

引理 2.1 设 $X \sim N(\mu,\sigma^2)$，则对任意的实数 x，有

$$P(X \leqslant x) = \Phi\left(\frac{x-\mu}{\sigma}\right).$$

证明

$$P(X \leqslant x) = \int_{-\infty}^{x}\frac{1}{\sqrt{2\pi}\sigma}\mathrm{e}^{-\frac{(y-\mu)^2}{2\sigma^2}}\mathrm{d}y \xlongequal{t=\frac{y-\mu}{\sigma}} \int_{-\infty}^{\frac{x-\mu}{\sigma}}\frac{1}{\sqrt{2\pi}}\mathrm{e}^{-\frac{t^2}{2}}\mathrm{d}t = \Phi\left(\frac{x-\mu}{\sigma}\right).$$

例如，设 $X \sim N(1,2^2)$，查表得

$$P(-1.5 \leqslant X \leqslant 4.5) = P(X \leqslant 4.5) - P(X \leqslant -1.5)$$

$$= \Phi\left(\frac{4.5-1}{2}\right) - \Phi\left(\frac{-1.5-1}{2}\right)$$

$$= \Phi(1.75) - \Phi(-1.25) = \Phi(1.75) + \Phi(1.25) - 1$$

$$\approx 0.959\,94 + 0.894\,4 - 1 = 0.854\,34.$$

正态分布是应用最广泛的一种连续型分布. 棣莫弗最早发现了二项分布的一个近似公式，这一公式被认为是正态分布的首次露面. 正态分布在 19 世纪由高斯加以推广，所以通常也称为高斯分布.

在正常条件下各种产品的质量指标，如零件的尺寸；纤维的强度和张力；某地区成年男子的身高、体重；农作物的产量，小麦的穗长、株高；测量误差，射击目标的水平或垂直偏差；信号噪声等等，都服从或近似服从正态分布.

设 $X \sim N(\mu,\sigma^2)$，由 $\Phi(x)$ 的函数表还能得到

$$P(|X-\mu| \leqslant \sigma) = \Phi(1) - \Phi(-1) = 2\Phi(1) - 1 \approx 0.682\,7,$$

$$P(|X-\mu| \leqslant 2\sigma) = \Phi(2) - \Phi(-2) = 2\Phi(2) - 1 \approx 0.954\,5,$$

$$P(|X-\mu| \leqslant 3\sigma) = \Phi(3) - \Phi(-3) = 2\Phi(3) - 1 \approx 0.997\,3.$$

这表明 X 几乎总在 $(\mu-3\sigma, \mu+3\sigma)$ 内取值，这可就是所谓的 3σ 规则.

2.5　随机变量函数的分布

在一些实际问题中,有时需要研究随机变量函数的分布.例如,在一些试验中,所关心的随机变量往往不能由直接测量得到,而它却是某个能直接测量的随机变量的函数.比如我们能测量圆轴截面的直径 d,而关心的却是截面面积 $A = \pi d^2/4$.这里随机变量 A 是随机变量 d 的函数.在这一节中,我们将讨论如何由已知的随机变量 X 的分布来求得它的函数 $Y = f(X)$ 的分布.

2.5.1　离散型随机变量函数的分布

设离散型随机变量 X 的分布列为 $p_i = P(X = a_i)(i = 1,2,\cdots)$,$f(x)$ 是实变量 x 的函数,则 $Y = f(X)$ 必是离散型随机变量,设其可能值为 $b_1,b_2,\cdots$,于是

$$P(Y = b_i) = P[f(X) = b_i] = P\Big[\bigcup_{f(a_j) = b_i} (X = a_j)\Big]$$

$$= \sum_{f(a_j) = b_i} P(X = a_j) = \sum_{f(a_j) = b_i} p_j \quad (i = 1,2,\cdots).$$

上述抽象过程可按如下方式具体化:

设 $X \sim \begin{bmatrix} a_1 & a_2 & \cdots & a_i & \cdots \\ p_1 & p_2 & \cdots & p_i & \cdots \end{bmatrix}$,则 $Y = f(X)$ 的分布列为

$$\begin{bmatrix} f(a_1) & f(a_2) & \cdots & f(a_i) & \cdots \\ p_1 & p_2 & \cdots & p_i & \cdots \end{bmatrix},$$

但需注意的是要把相同的 $f(a_i)$ 值合并,对应的 p_i 相加即可.

例 2.11　已知 X 的分布列如表2.2,则 $Y = X^2$ 的分布列如表2.3.

表 2.2

X	-1	0	1	2
p_i	$\dfrac{1}{4}$	$\dfrac{1}{8}$	$\dfrac{3}{8}$	$\dfrac{1}{4}$

表 2.3

Y	0	1	4
p_i	$\dfrac{1}{8}$	$\dfrac{5}{8}$	$\dfrac{1}{4}$

2.5.2　连续型随机变量函数的分布

设 X 是连续型随机变量,概率密度为 $p(x)$,$f(x)$ 是实变量 x 的函数,一般地 $f(X)$ 未必是连续型随机变量,只对某些特殊的情形才有肯定的结论.

定理 2.3　设 X 是连续型随机变量,概率密度为 $p_X(x)$,函数 $y = f(x)$ 严格单调,其值域为 (α, β),且其反函数 $x = f^{-1}(y)$ 有连续的导函数,则 $Y = f(X)$ 也是一个连续型随机变量,其概率密度为

$$p_Y(y) = \begin{cases} p_X[f^{-1}(y)] \mid [f^{-1}(y)]' \mid, & \alpha < y < \beta, \\ 0, & \text{其他}. \end{cases} \tag{2.16}$$

证明　不妨设 $y = f(x)$ 严格单调增,这时它的反函数 $x = f^{-1}(y)$ 也严格单调增,于是对任意的 $y \in (\alpha, \beta)$,

$$F_Y(y) = P[f(X) \leqslant y] = P[X \leqslant f^{-1}(y)] = \int_{-\infty}^{f^{-1}(y)} p_X(x)\mathrm{d}x,$$

从而

$$p_Y(y) = F_Y'(y) = p_X[f^{-1}(y)][f^{-1}(y)]'.$$

当 $y \leqslant \alpha$ 时,

$$F_Y(y) = 0, \quad p_Y(y) = 0,$$

当 $y \leqslant \beta$ 时,

$$F_Y(y) = 1, \quad p_Y(y) = 0.$$

同理可得,当 $y = f(x)$ 严格单调减时有

$$p_Y(y) = \begin{cases} -p_X[f^{-1}(y)][f^{-1}(y)]', & \alpha < y < \beta, \\ 0, & \text{其他}. \end{cases}$$

综上,式(2.16)得证.

例 2.12　设 $X \sim N(\mu, \sigma^2)$,证明:$Y = \dfrac{X - u}{\sigma} \sim N(0, 1)$.

证明　取定理中的 $f(x) = \dfrac{x - \mu}{\sigma}$,显然 $f(x)$ 严格单调增,且反函数 $f^{-1}(y) = \mu + \sigma y$ 有连续的导函数,于是由式(2.16) 知

$$p_Y(y) = p_X(\mu + \sigma y) \mid (\mu + \sigma y)' \mid = \frac{1}{\sqrt{2\pi}\sigma} \mathrm{e}^{-\frac{[\mu + \sigma y - \mu]^2}{\sigma^2}} \cdot \sigma = \frac{1}{\sqrt{2\pi}} \mathrm{e}^{-\frac{y^2}{2}},$$

即

$$Y = \frac{X - u}{\sigma} \sim N(0, 1).$$

要注意的是,不满足定理条件的随机变量的函数仍可以是连续型随机变量. 一般地,对具体问题,往往是先求出分布函数,若分布函数是连续型分布,进而对它求

导得到其概率密度.

例 2.13   设 $X \sim N(0,1)$,求 $Y = X^2$ 的概率密度.

解 X 的密度函数为 $\varphi(x) = \dfrac{1}{\sqrt{2\pi}} \mathrm{e}^{-\frac{x^2}{2}}$,

$$F_Y(y) = P(Y \leqslant y) = P(X^2 \leqslant y).$$

当 $y \leqslant 0$ 时,$F_Y(y) = P(X^2 \leqslant y) = 0$,故

$$p_Y(y) = 0;$$

当 $y > 0$ 时,$F_Y(y) = P(X^2 \leqslant y) = P(-\sqrt{y} \leqslant X \leqslant \sqrt{y}) = \displaystyle\int_{-\sqrt{y}}^{\sqrt{y}} \dfrac{1}{\sqrt{2\pi}} \mathrm{e}^{-\frac{x^2}{2}} \mathrm{d}x,$$

故

$$p_Y(y) = F_Y'(y) = \frac{1}{\sqrt{2\pi}}\mathrm{e}^{-\frac{y}{2}} \cdot \frac{1}{2\sqrt{y}} - \frac{1}{\sqrt{2\pi}}\mathrm{e}^{-\frac{y}{2}} \cdot \left(-\frac{1}{2\sqrt{y}}\right) = \frac{1}{\sqrt{2\pi}\sqrt{y}}\mathrm{e}^{-\frac{y}{2}}.$$

综上,我们得到概率密度为

$$p_Y(y) = \begin{cases} \dfrac{1}{\sqrt{2\pi}\sqrt{y}}\mathrm{e}^{-\frac{y}{2}}, & y > 0, \\ 0, & y \leqslant 0. \end{cases}$$

例 2.14   设 X 服从均匀分布 $U(0,1)$,求 $Y = X^2$ 的概率密度.

解 X 的密度函数为 $p_X(x) = \begin{cases} 1, & 0 < x < 1, \\ 0, & \text{其他}, \end{cases}$ 则

$$F_Y(y) = P(Y \leqslant y) = P(X^2 \leqslant y).$$

当 $y \leqslant 0$ 时,$F_Y(y) = P(X^2 \leqslant y) = 0$,故 $p_Y(y) = 0$;

当 $0 < y < 1$ 时,

$$F_Y(y) = P(X^2 \leqslant y) = P(-\sqrt{y} \leqslant X \leqslant \sqrt{y}) = \int_{-\sqrt{y}}^{\sqrt{y}} p_X(x)\mathrm{d}x$$

$$= \int_0^{\sqrt{y}} 1\mathrm{d}x = \sqrt{y},$$

故 $p_Y(y) = F_Y'(y) = \dfrac{1}{2\sqrt{y}}$;

当 $y \geqslant 1$ 时,$F_Y(y) = P(X^2 \leqslant y) = 1$,故 $p_Y(y) = 0$.

综上所述,$Y = X^2$ 的概率密度为

$$p_Y(y) = \begin{cases} \dfrac{1}{2\sqrt{y}}, & 0 < y < 1, \\ 0, & \text{其他}. \end{cases}$$

2.6 随机变量的数字特征

我们研究了随机变量的分布,这是关于随机变量的一种完全的描述.但在许多实际问题中,这样的完全描述有时并不使人感到方便.对随机变量讨论,可知随机变量的概率分布能够完整地描述随机变量的统计规律性.而在实际问题中要确定一个随机变量的分布并不是一件容易的事,而且在许多具体问题中往往并不需要对随机变量作全部的了解,而只需知道它的某些特征就可以.例如,检查一批灯泡的质量,在一定条件下,只需看这批灯泡的平均使用寿命;又如,两批同型灯泡,平均寿命相同,如何鉴别哪一批灯泡好些呢?这就要看每批灯泡寿命数分布的集中程度.由此可见,随机变量的某些特征是可以通过一个或几个数字来描述的,这种数字是按分布而定的,它们在一定程度上即可反映随机变量的分布情况,我们称这种用来反映随机变量特征的数字为**数字特征**.

2.6.1 随机变量的数学期望

定义 2.6 设随机变量 X 具有分布列 $p_i = P(X = a_i)(i = 1,2,\cdots)$,若

$$\sum_i | a_i | p_i < + \infty, \tag{2.17}$$

称 $\sum_i a_i p_i$ 为 X 的数学期望,简称期望或均值,记为 EX,即 $EX = \sum_i a_i p_i$.

若式(2.17)不成立,则称 X 的期望不存在.

定义中要求级数 $\sum_i a_i p_i$ 绝对收敛是为了数学处理的必要,从直观上讲,X 的可能取值 a_i 的排列顺序对于 X 来说应是无关紧要的,因而定义式中就应允许任意改变 $a_i p_i$ 的顺序而不影响其收敛性及和值,这就必须要求有式(2.17)成立.

例 2.15 设随机变量 X 的可能取值为 $a_k = (-1)^k \dfrac{2^k}{k}(k = 1,2,\cdots)$,且 $p_k = P(X = a_k) = \dfrac{1}{2^k}(k = 1,2\cdots)$,问 EX 是否存在?

解 虽然 $\displaystyle\sum_{k=1}^{\infty} a_k p_k = \sum_{k=1}^{\infty} (-1)^k \dfrac{1}{k} = -\ln 2$,但由于 $\displaystyle\sum_k | a_k | p_k = \sum_{k=1}^{\infty} \dfrac{1}{k}$ 发散,故 EX 不存在.

定义 2.7 设 $p(x)$ 是随机变量 X 的密度函数,若 $\displaystyle\int_{-\infty}^{\infty} | x | p(x)\mathrm{d}x < \infty$,称 $\displaystyle\int_{-\infty}^{\infty} xp(x)\mathrm{d}x$ 为随机变量 X 的数学期望,记作 EX,即 $EX = \displaystyle\int_{-\infty}^{\infty} xp(x)\mathrm{d}x$.

例 2.16　$X \sim B(n,p)$，求 EX.

解　$EX = \sum\limits_{k=0}^{n} k \cdot P(X = k) = \sum\limits_{k=0}^{n} k C_n^k p^k (1-p)^{n-k}$

$= \sum\limits_{k=1}^{n} \dfrac{n!}{(k-1)!(n-k)!} p^k (1-p)^{n-k}$

$= np \sum\limits_{k=1}^{n} C_{n-1}^{k-1} p^{k-1} (1-p)^{n-k} = np \left[p + (1-p) \right]^{n-1} = np.$

类似地计算可得，若 $X \sim P(\lambda)$，则 $EX = \lambda$；若 $X \sim G(p)$，则 $EX = 1/p$.

例 2.17　$X \sim E(\lambda)$，求 EX.

解　$EX = \int_{-\infty}^{+\infty} x p_X(x) \mathrm{d}x = \int_0^{+\infty} x \lambda \mathrm{e}^{-\lambda x} \mathrm{d}x = -\int_0^{+\infty} x \mathrm{d}(\mathrm{e}^{-\lambda x})$

$= -x\mathrm{e}^{-\lambda x} \Big|_0^{+\infty} + \int_0^{+\infty} \mathrm{e}^{-\lambda x} \mathrm{d}x = -\dfrac{1}{\lambda} \mathrm{e}^{-\lambda x} \Big|_0^{+\infty} = \dfrac{1}{\lambda}.$

类似地计算可得，若 $X \sim U(a,b)$，则 $EX = (a+b)/2$；若 $X \sim N(\mu,\sigma^2)$，则 $EX = \mu$.

2.6.2　随机变量函数的数学期望

设 X 是随机变量，$y = f(x)$ 为实值函数，要求随机变量 $Y = f(X)$ 的数学期望 $EY = Ef(X)$，按照定义应先求出 Y 的分布，然后再计算其数学期望. 然而下面的结论表明，我们不必求出 Y 的分布，而可以根据 X 的分布直接求 $Y = f(X)$ 的数学期望，这无疑为计算随机变量函数的数学期望提供了极大的方便. 下面的定理超出了本书的范围，我们只述而不证.

定理 2.4　设离散型随机变量 X 的分布列为 $p_i = P(X = a_i)(i = 1,2,\cdots)$，$y = f(x)$ 为实值函数，且 $\sum\limits_{i=1}^{\infty} |f(a_i)| p_i < \infty$，则 $Ef(X) = \sum\limits_{i=1}^{\infty} f(a_i) p_i$.

定理 2.5　设连续型随机变量 X 的概率密度为 $p(x)$，又 $y = f(x)$ 为实值函数，且 $\int_{-\infty}^{\infty} |f(x)| p(x) \mathrm{d}x < \infty$，则 $Ef(X) = \int_{-\infty}^{+\infty} f(x) p(x) \mathrm{d}x$.

例 2.18　设 X 服从均匀分布 $U(0,1)$，求 EX^2.

解　$EX^2 = \int_{-\infty}^{+\infty} x^2 p_X(x) \mathrm{d}x = \int_0^1 x^2 \mathrm{d}x = \dfrac{1}{3}.$

由 2.5 节的例 2.14 知 $Y = X^2$ 的概率密度为

$$p_Y(y) = \begin{cases} \dfrac{1}{2\sqrt{y}}, & 0 < y < 1, \\ 0, & \text{其他}, \end{cases}$$

故由数学期望的定义知

$$EY = \int_{-\infty}^{+\infty} y p_Y(y) \mathrm{d}y = \int_0^1 y \frac{1}{2\sqrt{y}} \mathrm{d}y = \frac{1}{2} \int_0^1 \sqrt{y} \mathrm{d}y = \frac{1}{3}.$$

我们可以看出两种方法计算的结果一致,但用定理求解要简便得多.

由定理 2.4 及定理 2.5,我们容易得到随机变量的数学期望具有以下性质:

性质 1 对任意常数 C,有 $EC = C$.

性质 2 若 EX 存在,则对任意常数 C,有 $E(CX) = C \cdot EX$.

2.6.3 随机变量的方差

随机变量的数学期望可以反映变量取值的平均程度,但仅用数学期望描述一个变量的取值情况是远不够的.我们用下面一个例子来说明.

例 2.19 假设甲、乙两射手各发十枪,击中目标靶的环数如表 2.4.

表 2.4

甲	9	8	10	8	9	8	8	9	10	9
乙	6	7	9	10	10	9	10	8	9	10

容易算得,二人击中环数的平均值都是 8.8 环,现问,甲、乙二人哪一个水平发挥得更稳定一些?为此我们利用二人每枪击中的环数距平均值的偏差的均值来比较.为了防止偏差和的计算中出现正、负偏差相抵的情况,应由偏差的绝对值之和求平均更合适.

对于甲选手,偏差绝对值之和为

$$|9 - 8.8| + |8 - 8.8| + |10 - 8.8| + \cdots + |9 - 8.8| = 6.4(环).$$

对于乙选手,偏差绝对值之和为

$$|6 - 8.8| + |7 - 8.8| + |9 - 8.8| + \cdots + |10 - 8.8| = 10.8(环).$$

所以甲、乙二人平均每枪偏离平均值为 0.64 环和 1.08 环,因而可以说,甲选手水平发挥更稳定些.

类似地,为了避免运算式中出现绝对值符号.我们也可以采用偏差平方的平均值进行比较.

定义 2.8 设离散型随机变量 X 的期望 EX 存在,如果 $E(X - EX)^2$ 存在,则称 $E(X - EX)^2$ 为 X 的方差,记作 DX.方差的平方根 $\sqrt{DX}$ 称为 X 的标准差,记作 $\sigma(X)$.

由随机变量函数的数学期望的公式可得方差的另一重要计算公式:

$$DX = EX^2 - (EX)^2.$$

事实上,

$$DX = E(X - EX)^2 = E[X^2 - 2XEX + (EX)^2]$$

$$= EX^2 + E\big[(-2EX \cdot X)\big] + (EX)^2$$
$$= EX^2 - 2EX \cdot EX + (EX)^2 = EX^2 - (EX)^2.$$

例 2.20 X 服从参数为 λ 的泊松分布 $P(\lambda)$,求 DX.

解 由于

$$EX^2 = \sum_{k=0}^{\infty} k^2 \frac{\lambda^k}{k!} e^{-\lambda} = \sum_{k=0}^{\infty} k(k-1) \frac{\lambda^k}{k!} e^{-\lambda} + \sum_{k=0}^{\infty} k \frac{\lambda^k}{k!} e^{-\lambda}$$

$$= \sum_{k=2}^{\infty} \frac{\lambda^2 \lambda^{k-2}}{(k-2)!} e^{-\lambda} + \lambda = \lambda^2 \sum_{i=0}^{\infty} \frac{\lambda^i}{i!} e^{-\lambda} + \lambda \quad (i = k-2)$$

$$= \lambda^2 + \lambda,$$

故

$$DX = EX^2 - (EX)^2 = \lambda^2 + \lambda - \lambda^2 = \lambda.$$

例 2.21 $X \sim B(n, P)$,求 DX.

解 由于

$$EX^2 = \sum_{k=0}^{\infty} k^2 C_n^k p^k (1-p)^{n-k} = \sum_{k=1}^{\infty} k \frac{n!}{(k-1)!(n-k)!} p^k (1-p)^{n-k}$$

$$= \sum_{k=1}^{\infty} (k-1) \frac{n!}{(k-1)!(n-k)!} p^k (1-p)^{n-k}$$

$$+ \sum_{k=1}^{\infty} \frac{n!}{(k-1)!(n-k)!} p^k (1-p)^{n-k}$$

$$= \sum_{k=2}^{\infty} \frac{n!}{(k-2)!(n-k)!} p^k (1-p)^{n-k} + np$$

$$= n(n-1) p^2 \sum_{k=2}^{\infty} C_{n-2}^{k-2} p^{k-2} (1-p)^{n-k} + np$$

$$= n(n-1) p^2 \big[p + (1-p)\big]^{n-2} + np$$

$$= n(n-1) p^2 + np,$$

故

$$DX = EX^2 - (EX)^2 = \big[n(n-1) p^2 + np\big] - (np)^2 = np(1-p).$$

例 2.22 $X \sim E(\lambda)$,求 DX.

解 $EX^2 = \int_{-\infty}^{+\infty} x^2 p_X(x) dx = \int_0^{+\infty} x^2 \lambda e^{-\lambda x} dx = -\int_0^{+\infty} x^2 d(e^{-\lambda x})$

$$= -x^2 e^{-\lambda x} \Big|_0^{+\infty} + \int_0^{+\infty} e^{-\lambda x} d(x^2) = 2 \int_0^{+\infty} x e^{-\lambda x} dx = \frac{2}{\lambda^2},$$

$$DX = EX^2 - (EX)^2 = \frac{2}{\lambda^2} - \left(\frac{1}{\lambda}\right)^2 = \frac{1}{\lambda^2}.$$

由数学期望性质,可得方差具有如下性质:

性质 1　对任意常数 C,有 $DC = 0$.

性质 2　若 DX 存在,则对任意常数 a,b,有 $D(aX + b) = a^2 \cdot DX$.

2.6.4　随机变量的矩和切比雪夫(Chebyshev) 不等式

数学期望和方差是随机变量最重要的两个特征数.此外,随机变量还有其他的特征数,下面我们来介绍随机变量的原点矩和中心矩.

定义 2.9　设 X 为随机变量,k 为自然数,若 EX^k 存在,则称 EX^k 为 X 的 k 阶原点矩,称 $E \mid X \mid^k$ 为 X 的 k 阶绝对原点矩.

定义 2.10　设 X 为随机变量,k 为自然数,若 $E(X - EX)^k$ 存在,则称 $E(X - EX)^k$ 为 X 的 k 阶中心矩,称 $E \mid X - EX \mid^k$ 为 X 的 k 阶绝对中心矩.

显然,X 的 1 阶原点矩就是 X 的数学期望,X 的 2 阶中心矩就是 X 的方差.

接下来,我们介绍有着十分广泛应用的一类矩不等式.

定理 2.6 [马尔可夫(Markov) 不等式]　设 X 的 k 阶原点矩存在,则对任意的 $\varepsilon > 0$,有

$$P(\mid X \mid \geqslant \varepsilon) \leqslant \frac{E \mid X \mid^k}{\varepsilon^k}.$$

证明　这里仅对连续型随机变量证之,离散型随机变量类似可证.

设 X 是连续型随机变量,其密度函数为 $p(x)$,则

$$
\begin{aligned}
P(\mid X \mid \geqslant \varepsilon) &= \int_{(|x| \geqslant \varepsilon)} p(x)\mathrm{d}x \leqslant \int_{(|x| \geqslant \varepsilon)} \frac{\mid x \mid^k}{\varepsilon^k} p(x)\mathrm{d}x \\
&= \frac{1}{\varepsilon^k} \int_{(|x| \geqslant \varepsilon)} \mid x \mid^k p(x)\mathrm{d}x \leqslant \frac{1}{\varepsilon^k} \int_{-\infty}^{+\infty} \mid x \mid^k p(x)\mathrm{d}x \\
&= \frac{E \mid X \mid^k}{\varepsilon^k}.
\end{aligned}
$$

定理 2.7 (切比雪夫不等式)　设 X 的方差 DX 存在,则对任意的 $\varepsilon > 0$,有

$$P(\mid X - EX \mid \geqslant \varepsilon) \leqslant \frac{DX}{\varepsilon^2}.$$

证明　令 $Y = X - EX$,利用马尔可夫不等式得

$$P(\mid X - EX \mid \geqslant \varepsilon) = P(\mid Y \mid \geqslant \varepsilon) \leqslant \frac{EY^2}{\varepsilon^2} = \frac{E(X - EX)^2}{\varepsilon^2} = \frac{DX}{\varepsilon^2}.$$

切比雪夫不等式在数量上进一步阐明了方差的意义,随机变量的方差越小,则其取值与数学期望的偏差超过一定界限的概率就越小.当随机变量 X 的方差 $DX = 0$ 时,由方差的直观意义易知 X 与其数学期望 EX 无偏离,即 $P(X = EX) = 1$,利用切比雪夫不等式我们容易证明此结论,这里留作练习.

习　题　2

1. 一袋中装有 4 只黑球和 1 只白球,不放回地随机取球,每次只取一个球,X 表示直至取到白球时为止取出的总球数,求 X 的分布列.

2. 将一颗质地均匀的骰子连掷两次,X 表示两次中得到的小的点数,试求 X 的分布列.

3. 设随机变量 X 的分布列为 $P(X = k) = C\left(\dfrac{2}{3}\right)^k (k = 0,1,2,\cdots)$,试求:

(1) C;

(2) $P(1 \leqslant X \leqslant 2)$;

(3) $P(1 \leqslant X < 2)$.

4. 设随机变量 X 的分布函数为 $F(x) = a + b\arctan x [x \in (-\infty, +\infty)]$ 试求:

(1) a,b;

(2) X 的概率密度.

5. 设随机变量 X 的概率密度为 $p(x) = \begin{cases} Ax, & 0 \leqslant x < 1, \\ 2-x, & 1 \leqslant x < 2, \\ 0, & 其他, \end{cases}$ 求 A 及 X 的分布函数 $F(x)$,

并画出 $F(x)$ 的图像.

6. 设 X 的概率密度为 $p(x) = A\mathrm{e}^{-|x|} (-\infty < x < +\infty)$,求 A 及 $P(-2 \leqslant X < 2)$.

7. 设 X 服从区间 $(-1,4)$ 上的均匀分布,求 y 的方程 $4y^2 - 4Xy + X + 2 = 0$ 有实根的概率.

8. 设顾客在某银行的窗口等待的服务时间 X(单位:分)服从指数分布 $E(1/5)$,某顾客在窗口等待服务,若超过 10 分钟,他就离开.他一个月要到银行 4 次,以 Y 表示一个月内他未等到服务而离开窗口的次数,写出 Y 的分布列,并求 $P(Y \geqslant 1)$.

9. 设 $X \sim U(1,5)$,现对 X 进行 4 次独立的观测,以 Y 表示 4 次中观测值 X 大于 3 出现的次数.求 Y 的分布列.

10. 设 $X \sim N(5,2^2)$,查表计算下列概率:

(1) $P(5 \leqslant X < 7)$;

(2) $P(3 \leqslant X \leqslant 5)$;

(3) $P(1 < X \leqslant 9)$;

(4) $P(2 < X < 8)$.

11. 设 X 的分布列为 $\begin{bmatrix} -1 & 0 & 1 & 2 \\ \dfrac{1}{8} & \dfrac{1}{4} & \dfrac{3}{8} & \dfrac{1}{4} \end{bmatrix}$,求 $Y = X^2$ 的分布列.

12. (1) 设 X 的概率密度为 $p_X(x)$,求 $Y = X^2$ 的概率密度;

(2) 设 $X \sim U(0,1)$,求 $Y = X^4$ 的概率密度.

13. 设 $X \sim E(2)$,求 $Y = 1 - \mathrm{e}^{-2X}$ 的概率密度.

14. 设 $X \sim N(0,1)$.(1) 求 $Y = \mathrm{e}^X$ 的概率密度;(2) 求 $Y = |X|$ 的概率密度.

15. 设 X 的分布列为 $\begin{pmatrix} -1 & 0 & 1 & 2 \\ \dfrac{1}{8} & \dfrac{1}{4} & \dfrac{3}{8} & \dfrac{1}{4} \end{pmatrix}$，求 $EX, EX^2, E(-2X+1)$.

16. 已知投资某一项目的收益率 R 是一个随机变量，其分布列为

$$\begin{pmatrix} 1\% & 2\% & 3\% & 4\% & 5\% & 6\% \\ 0.1 & 0.1 & 0.2 & 0.3 & 0.2 & 0.1 \end{pmatrix},$$

一位投资者在该项目上投资 10 万元，求他获得的收益的数学期望和方差.

17. 设 X 的分布列为 $\begin{pmatrix} 1 & 2 & \cdots & n \\ \dfrac{1}{n} & \dfrac{1}{n} & \cdots & \dfrac{1}{n} \end{pmatrix}$，求 EX, DX.

18. 设 X 的概率密度为 $p_X(x) = \begin{cases} \cos x, & 0 < x < \dfrac{\pi}{2}, \\ 0, & \text{其他}, \end{cases}$ 求 DX.

19. 设 X 的概率密度为 $p_X(x) = \begin{cases} ax^2 + bx + c, & 0 < x < 1, \\ 0, & \text{其他}, \end{cases}$ 已知 $EX = 0.5, DX = 0.15$，求 a, b, c.

20. 设 $X \sim E(1)$，求 $Y = e^{-2X}$ 的数学期望和方差.

21. 一工厂生产的某种设备的寿命 X（单位：年）服从指数分布 $E\left(\dfrac{1}{4}\right)$. 工厂规定，出手的设备若在售出一年之内损坏可予以调换. 若工厂售出一台设备赢利 100 元，调换一台设备厂方需花费 300 元. 试求厂方售出一台设备赢利的分布列及数学期望.

第3章　随机向量的分布及数字特征

在很多随机现象中,根据我们研究的目的,对其随机试验的结果需要同时考查几个随机变量,例如,考查某一地区学龄前儿童的发育情况,需要观察他们的身高和体重;发射一枚炮弹,需要同时研究弹着点的几个坐标;研究市场供给模型时,需要同时考虑商品供给量、消费者收入和市场价格等因素,等等.一般来说,这些随机变量之间存在着某种联系,因而需要把它们作为一个整体(即向量)来研究,即需要用定义在同一样本空间上的多个随机变量来加以描述.多维随机变量(或随机向量)的概念正是在这些实际背景下提出的.本章重点讨论二维随机向量,主要内容包括随机向量(函数)的分布、独立性,以及数字特征.

3.1　随机向量的分布

3.1.1　随机向量及其分布函数

1. n 维随机向量

定义 3.1　如果 $X_1, X_2, \cdots, X_n$ 是定义在同一个样本空间 Ω 上的 n 个随机变量,则称 $\boldsymbol{X} = (X_1, X_2, \cdots, X_n)$ 为 n 维随机向量或随机变量.

对 n 维随机向量,其每一个分量是一个一维随机变量,可以单独研究它.然而除此以外,各分量之间还有相互联系,在许多问题中,这是更重要的.随机向量的研究方法也与一维类似,用分布函数、概率密度或分布列来描述其统计规律.

2. n 维随机向量的分布函数

定义 3.2　对任意 n 个实数 $x_1, x_2, \cdots, x_n$,称

$$F(x_1, x_2, \cdots, x_n) = P(X_1 \leqslant x_1, X_2 \leqslant x_2, \cdots, X_n \leqslant x_n) \qquad (3.1)$$

为 n 维随机向量 $(X_1, X_2, \cdots, X_n)$ 的分布函数或联合分布函数,其中 $(X_1 \leqslant x_1, X_2 \leqslant x_2, \cdots, X_n \leqslant x_n)$ 表示 $\bigcap\limits_{i=1}^{n} (X_i \leqslant x_i)$.

现在我们仅讨论二维随机向量,至于三维或更多维的情形不难类推.

如果将二维随机向量 (X, Y) 看成是平面上随机点的坐标,那么,分布函数

$F(x,y)$ 在 (x,y) 处的函数值就是随机点 (X,Y) 落在如图3.1所示的、以 (x,y) 为顶点且位于该点左下方的无穷矩形区域内的概率.

依照上述解释,借助于图 3.2 可知,随机点 (X,Y) 落在矩形区域 $\{(x,y):x_1 < x \leqslant x_2, y_1 < y \leqslant y_2\}$ 内的概率可用分布函数表示为

$$P(x_1 < X \leqslant x_2, y_1 < Y \leqslant y_2)$$
$$= F(x_2,y_2) - F(x_1,y_2) - F(x_2,y_1) + F(x_1,y_1). \tag{3.2}$$

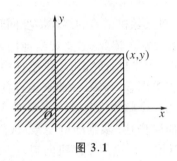

图 3.1

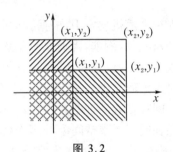

图 3.2

3. 分布函数的基本性质

定理 3.1　　二维联合分布函数 $F(x,y)$ 具有如下四条基本性质:

(1) **单调性**　　$F(x,y)$ 分别对 x 或 y 是单调不减的,即当 $x_1 < x_2$ 时,有 $F(x_1,y) \leqslant F(x_2,y)$;当 $y_1 < y_2$ 时,有 $F(x,y_1) \leqslant F(x,y_2)$;

(2) **规范性**　　对任意的 x 和 y,有 $0 \leqslant F(x,y) \leqslant 1$,且

$$F(-\infty, y) \overset{\mathrm{d}}{=} \lim_{x \to -\infty} F(x,y) = 0, \quad F(x, -\infty) \overset{\mathrm{d}}{=} \lim_{y \to -\infty} F(x,y) = 0,$$

$$F(+\infty, +\infty) \overset{\mathrm{d}}{=} \lim_{x,y \to +\infty} F(x,y) = 1;$$

(3) **右连续性**　　对每个变量都是右连续的,即

$$F(x+0, y) = F(x,y), \quad F(x, y+0) = F(x,y);$$

(4) **非负性**　　对任意的 $a < b, c < d$,有

$$P(a < X \leqslant b, c < Y \leqslant d)$$
$$= F(b,d) - F(a,d) - F(b,c) + F(a,c) \geqslant 0.$$

对上述性质的证明从略.此外,我们还可以证明具有以上性质的二元函数 $F(x,y)$ 一定是某个二维随机向量的分布函数.

二维分布函数 $F(x,y)$ 必具有上述四条性质,其中性质(4)是二维场合特有的.下面的例子表明仅满足前面的三条性质是不够的.

例 3.1　　设二元函数 $G(x,y) = \begin{cases} 0, & x+y < 0, \\ 1, & x+y \geqslant 0, \end{cases}$ 则 $G(x,y)$ 满足二维分布函数的性质(1),(2),(3),但不满足性质(4),故 $G(x,y)$ 不是分布函数.

事实上，

(1) 设 $\Delta x > 0$.

若 $x + y \geqslant 0$，由于 $x + \Delta x + y > 0$，所以 $G(x,y) = G(x+\Delta x, y) = 1$.

若 $x + y < 0$，则 $G(x,y) = 0$. 当 $x + \Delta x + y < 0$ 时，$G(x+\Delta x, y) = 0$；当 $x + \Delta x + y \geqslant 0$ 时，$G(x+\Delta x, y) = 1$. 所以 $G(x,y) \leqslant G(x+\Delta x, y)$.

可见，$G(x,y)$ 对 x 非降. 同理，$G(x,y)$ 对 y 非降.

(2) 当 $x + y < 0$ 时，$\lim\limits_{\Delta x \to 0} G(x+\Delta x, y) = \lim\limits_{\Delta y \to 0} G(x, y+\Delta y) = 0 = G(x,y)$.

当 $x + y \geqslant 0$ 时，$\lim\limits_{\Delta x \to 0} G(x+\Delta x, y) = \lim\limits_{\Delta y \to 0} G(x, y+\Delta y) = 1 = G(x,y)$，所以 $G(x,y)$ 对 x,y 右连续.

(3) 显然有 $0 \leqslant G(x,y) \leqslant 1$，且 $G(-\infty, y) = G(x, -\infty) = 0$，$G(+\infty, +\infty) = 1$.

故 $G(x,y)$ 满足二维分布函数的性质(1),(2),(3)，但它不满足性质(4)，这是由于

$$G(1,1) - G(1, -1) - G(-1, 1) + G(-1, -1)$$
$$= 1 - 1 - 1 + 0 = -1 < 0,$$

故它不是分布函数.

4. 二维随机向量的边缘分布

我们知道，联合分布描述了二维随机向量的分布规律，因而也包括每个分量 X, Y 的分布规律. 而 X, Y 作为随机变量也有各自的分布函数 $F_X(x), F_Y(y)$. 相对于联合分布函数 $F(x,y)$，称各自的分布函数为边缘分布函数.

设 (X, Y) 的联合分布函数为 $F(x,y)$，则 X 和 Y 的边缘分布函数 $F_X(x)$，$F_X(y)$ 分别为

$$F_X(x) = P(X \leqslant x) = P(X \leqslant x, Y < +\infty)$$
$$= F(x, +\infty) = \lim\limits_{y \to +\infty} F(x,y),$$
$$F_Y(y) = P(Y \leqslant y) = P(X < +\infty, Y \leqslant y)$$
$$= F(+\infty, y) = \lim\limits_{x \to +\infty} F(x,y).$$

更一般地，当 n 维随机向量 $(X_1, X_2, \cdots, X_n)$ 的联合分布函数 $F(x_1, \cdots, x_n)$ 已知时，$(X_1, X_2, \cdots, X_n)$ 的 $k(1 \leqslant k < n)$ 维边缘分布函数也随之确定了，例如，$(X_1, X_2, \cdots, X_n)$ 关于 $X_1, (X_1, X_2), (X_1, X_2, X_3)$ 的边缘分布函数分别为

$$F_{X_1}(x_1) = F(x_1, +\infty, \cdots, +\infty),$$
$$F_{X_1, X_2}(x_1, x_2) = F(x_1, x_2, +\infty, \cdots, +\infty),$$
$$F_{X_1, X_2, X_3}(x_1, x_2, x_3) = F(x_1, x_2, x_3, +\infty, \cdots, +\infty).$$

例 3.2 设二维随机向量 (X, Y) 的联合分布函数为

$$F(x,y) = A\left(B + \arctan\frac{x}{2}\right)\left(C + \arctan\frac{y}{2}\right),$$

其中 A,B,C 为常数,$x \in (-\infty, +\infty), y \in (-\infty, +\infty)$.

(1) 试确定 A,B,C；   (2) 求 X 和 Y 的边缘分布函数；   (3) 求 $P(X > 2)$.

解   (1) 由联合分布函数性质(2) 可知

$$F(+\infty, +\infty) = \lim_{\substack{x \to +\infty \\ y \to +\infty}} F(x,y) = A\left(B + \frac{\pi}{2}\right)\left(C + \frac{\pi}{2}\right) = 1,$$

$$F(-\infty, +\infty) = A\left(B - \frac{\pi}{2}\right)\left(C + \frac{\pi}{2}\right) = 0,$$

$$F(+\infty, -\infty) = A\left(B + \frac{\pi}{2}\right)\left(C - \frac{\pi}{2}\right) = 0,$$

解得 $A = 1/\pi^2, B = \pi/2, C = \pi/2.$ 故

$$F(x,y) = \frac{1}{\pi^2}\left(\frac{\pi}{2} + \arctan\frac{x}{2}\right)\left(\frac{\pi}{2} + \arctan\frac{y}{2}\right).$$

(2) $F_X(x) = F(x, +\infty) = \dfrac{1}{\pi^2}\left(\dfrac{\pi}{2} + \arctan\dfrac{x}{2}\right) \cdot \pi$

$$= \frac{1}{2} + \frac{1}{\pi}\arctan\frac{x}{2} \quad [x \in (-\infty, +\infty)],$$

$F_Y(y) = F(+\infty, y) = \dfrac{1}{\pi^2}\left(\dfrac{\pi}{2} + \dfrac{\pi}{2}\right) \cdot \left(\dfrac{\pi}{2} + \arctan\dfrac{y}{2}\right)$

$$= \frac{1}{2} + \frac{1}{\pi}\arctan\frac{y}{2} \quad [y \in (-\infty, +\infty)].$$

(3) 由 X 的分布函数可得

$$P(X > 2) = 1 - P(X \leqslant 2) = 1 - F_X(2) = 1 - \left(\frac{1}{2} + \frac{1}{\pi} \cdot \frac{\pi}{4}\right) = \frac{1}{4}.$$

3.1.2   二维离散型随机向量及其概率分布

定义 3.3   如果二维随机向量(X,Y)只取有限个或可列个数对(x_i, y_j),则称(X,Y)为二维离散型随机向量.

与一维离散型随机变量类似,我们用分布列来描述二维离散型随机向量(X,Y)的概率分布.

1. 联合分布列

定义 3.4   设(X,Y)为二维离散型随机向量,其所有可能的取值为$(x_i, y_j)(i,j = 1,2,\cdots)$,称

$$p_{ij} = P(X = x_i, Y = y_j) \quad (i,j = 1,2,\cdots)$$

为(X,Y)的联合分布列.

与一维离散型随机变量的分布列相似,联合分布列$\{p_{ij} : i,j = 1,2,\cdots\}$具有如下基本性质:

（1）**非负性**　$p_{ij} \geqslant 0$；

（2）**正则性**　$\sum\limits_{i=1}^{+\infty} \sum\limits_{j=1}^{+\infty} p_{ij} = 1$.

为了直观,有时也将 (X, Y) 的联合分布列以表格形式来表示,如表 3.1.

表 3.1

X＼Y	y_1	y_2	…	y_j	…
x_1	p_{11}	p_{12}	…	p_{1j}	…
x_2	p_{21}	p_{22}	…	p_{2j}	…
⋮	⋮	⋮	…	⋮	…
x_i	p_{i1}	p_{i2}	…	p_{ij}	…
⋮	⋮	⋮	…	⋮	…

例 3.3　从 $1,2,3,4$ 中任取一数记为 X,再从 $1,\cdots,X$ 中任取一数记为 Y,求 (X, Y) 的联合分布列及 $P(X = Y)$.

分析　求二维离散随机向量的联合分布列,关键是写出二维离散随机向量可能取的数对及其发生的概率.

解　(X, Y) 为二维离散型随机向量,其中 X 的分布列为

$$P(X = i) = \frac{1}{4} \quad (i = 1,2,3,4).$$

Y 可能的取值也是 $1,2,3,4$,若记 j 为 Y 的取值,则

当 $j > i$ 时,有 $P(X = i, Y = j) = P(\varphi) = 0$;

当 $1 \leqslant j \leqslant i \leqslant 4$ 时,由乘法公式

$$P(X = i, Y = j) = P(X = i)P(Y = j \mid X = i) = \frac{1}{4} \times \frac{1}{i}.$$

于是可得 (X, Y) 的联合分布列如表 3.2.

表 3.2

X＼Y	1	2	3	4
1	1/4	0	0	0
2	1/8	1/8	0	0
3	1/12	1/12	1/12	0
4	1/16	1/16	1/16	1/16

事件 $(X = Y)$ 的概率为

$$P(X = Y) = p_{11} + p_{22} + p_{33} + p_{44} = \frac{1}{4} + \frac{1}{8} + \frac{1}{12} + \frac{1}{16} = \frac{25}{48} = 0.520\,8.$$

2．边缘分布列

如果二维离散型随机向量(X,Y)的联合分布列为

$$P(X = x_i, Y = y_j) = p_{ij} \quad (i,j = 1,2,\cdots),$$

相应的问题就是如何确定X,Y的边缘分布列．因为X的可能的取值为$x_1,x_2,\cdots$，Y的可能的取值为$y_1,y_2,\cdots$，所以$\bigcup_i(X = x_i) = \Omega$，$\bigcup_j(Y = y_j) = \Omega$，于是

$$P(X = x_i) = P\left[X = x_i, \bigcup_{j=1}^{+\infty}(Y = y_j)\right] = P\left[\bigcup_{j=1}^{+\infty}(X = x_i, Y = y_j)\right]$$

$$= \sum_{j=1}^{+\infty} P(X = x_i, Y = y_j)$$

$$= \sum_{j=1}^{+\infty} p_{ij} \overset{\mathrm{d}}{=} p_{i\cdot}. \quad (i = 1,2,\cdots),$$

$$P(Y = y_j) = P\left[\bigcup_{i=1}^{+\infty}(X = x_i), Y = y_j\right] = P\left[\bigcup_{i=1}^{+\infty}(X = x_i, Y = y_j)\right]$$

$$= \sum_{i=1}^{+\infty} P(X = x_i, Y = y_j)$$

$$= \sum_{i=1}^{+\infty} p_{ij} \overset{\mathrm{d}}{=} p_{\cdot j} \quad (j = 1,2,\cdots),$$

其中$p_{i\cdot}$和$p_{\cdot j}$分别表示$\sum_{j=1}^{+\infty} p_{ij}$，$\sum_{i=1}^{+\infty} p_{ij}$的记号，它们分别是事件$(X = x_i)$和$(Y = y_j)$的概率．

二维离散型随机向量(X,Y)的联合分布列及边缘分布列可表示为表3.3.

表 3.3

X ＼ Y	y_1	y_2	$\cdots$	y_j	$\cdots$	$P(X = x_i)$
x_1	p_{11}	p_{12}	$\cdots$	p_{1j}	$\cdots$	$p_{1\cdot}$
x_2	p_{21}	p_{22}	$\cdots$	p_{2j}	$\cdots$	$p_{2\cdot}$
$\vdots$	$\vdots$	$\vdots$	$\cdots$	$\vdots$	$\cdots$	$\vdots$
x_i	p_{i1}	p_{i2}	$\cdots$	p_{ij}	$\cdots$	$p_{i\cdot}$
$\vdots$	$\vdots$	$\vdots$	$\cdots$	$\vdots$	$\cdots$	$\vdots$
$P(Y = y_j)$	$p_{\cdot 1}$	$p_{\cdot 2}$	$\cdots$	$p_{\cdot j}$	$\cdots$	1

"边缘分布列"的来源是将边缘分布列写在联合分布列表格的边缘上．表3.3中最后一列表示(X,Y)关于X的边缘分布列，最后一行表示(X,Y)关于Y的边缘分布列．

例 3.4　已知随机向量 (X, Y) 的联合分布列如表 3.4,求关于 X 和 Y 的边缘分布列.

表 3.4

Y＼X	−1	0	2
0	0.1	0.2	0
1	0.3	0.05	0.1
2	0.15	0	0.1

解　在上述联合分布列中,把每列的概率相加放在该列的最下面,把每行的概率相加放在该行的最右面,然后把第一行和最后一行拿出来就是 Y 的分布列;把第一列和最后一列拿出来就是 X 的分布列,见表 3.5.

表 3.5

Y＼X	−1	0	2	$p_{i.}$
0	0.1	0.2	0	0.3
1	0.3	0.05	0.1	0.45
2	0.15	0	0.1	0.25
$p_{.j}$	0.55	0.25	0.2	1

3.1.3　二维连续型随机向量及其概率分布

1. 连续型随机向量及其联合密度函数

定义 3.4　如果存在二元非负可积函数 $p(x, y)$,使得二维随机向量 (X, Y) 的分布函数 $F(x, y)$ 可表示为

$$F(x, y) = \int_{-\infty}^{x} \int_{-\infty}^{y} p(u, v) \mathrm{d}u \mathrm{d}v,$$

则称 (X, Y) 为二维连续型随机向量,且称 $p(x, y)$ 为 (X, Y) 的联合密度函数.

由定义易知 $p(x, y)$ 具有下列基本性质:

(1) **非负性**　$p(x, y) \geqslant 0$;

(2) **正则性**　$\int_{-\infty}^{+\infty} \int_{-\infty}^{+\infty} p(x, y) \mathrm{d}x \mathrm{d}y = 1.$

此外,$p(x, y)$ 还具有如下性质:

(3) 若 $p(x, y)$ 在点 (x, y) 处连续,则有

$$\frac{\partial^2}{\partial x \partial y} F(x,y) = p(x,y). \tag{3.3}$$

事实上,

$$\frac{\partial F(x,y)}{\partial x} = \frac{\partial}{\partial x}\left[\int_{-\infty}^{x}\left(\int_{-\infty}^{y} p(u,v)\mathrm{d}v\right)\mathrm{d}u\right] = \int_{-\infty}^{y} p(x,v)\mathrm{d}v,$$

$$\frac{\partial^2 F(x,y)}{\partial x \partial y} = \frac{\partial}{\partial y}\left[\int_{-\infty}^{y} p(x,v)\mathrm{d}v\right] = p(x,y).$$

(4) 设 G 为平面上的任意一个区域,则二维连续型随机向量 (X,Y) 落在 G 内的概率是概率密度函数 $p(x,y)$ 在 G 上的积分,即

$$P[(X,Y) \in G] = \iint\limits_{G} p(x,y)\mathrm{d}x\mathrm{d}y. \tag{3.4}$$

在具体使用上式时,要注意积分范围是 $p(x,y)$ 的非零区域与 G 的交集部分,然后设法化成累次积分再计算出结果.

在几何上,$z = p(x,y)$ 表示空间的一个曲面,上式即表示 $P[(X,Y) \in G]$ 的值等于以 G 为底、以曲面 $z = p(x,y)$ 为顶的曲顶柱体的体积.

例 3.5 设连续型随机向量 (X,Y) 的联合密度函数为

$$p(x,y) = \begin{cases} k\mathrm{e}^{-(x+y)}, & x \geqslant 0, y \geqslant 0, \\ 0, & \text{其他}. \end{cases}$$

求:(1) 常数 k; (2) (X,Y) 的分布函数 $F(x,y)$; (3) $P(X > 1, Y < 1)$.

解 (1) 因为 $\int_{-\infty}^{+\infty}\int_{-\infty}^{+\infty} p(x,y)\mathrm{d}x\mathrm{d}y = 1$,所以

$$1 = \int_{0}^{+\infty}\int_{0}^{+\infty} k\mathrm{e}^{-(x+y)}\mathrm{d}x\mathrm{d}y$$

$$= k\int_{0}^{+\infty}\mathrm{e}^{-x}\mathrm{d}x\int_{0}^{+\infty}\mathrm{e}^{-y}\mathrm{d}y = k(-\mathrm{e}^{-x}\mid_{0}^{+\infty})^2 = k.$$

(2)

$$F(x,y) = \int_{-\infty}^{x}\int_{-\infty}^{y} p(x,y)\mathrm{d}x\mathrm{d}y$$

$$= \begin{cases} \iint_{0}^{x}\int_{0}^{y}\mathrm{e}^{-(x+y)}\mathrm{d}x\mathrm{d}y = (1-\mathrm{e}^{-x})(1-\mathrm{e}^{-y}), & x \geqslant 0, y \geqslant 0, \\ 0, & \text{其他}. \end{cases}$$

(3) $P(X > 1, Y < 1) = \int_{1}^{+\infty}\mathrm{d}x\int_{0}^{1}\mathrm{e}^{-(x+y)}\mathrm{d}y = \dfrac{1}{\mathrm{e}}\left(1 - \dfrac{1}{\mathrm{e}}\right).$

2. 二维连续型随机向量的边缘密度函数

设二维连续型随机向量 (X,Y) 的联合概率密度函数为 $p(x,y)$,由于

$$F_X(x) = P(X \leqslant x) = P(X \leqslant x, Y < +\infty)$$

$$= \int_{-\infty}^{x}\left[\int_{-\infty}^{+\infty} p(u,y)\mathrm{d}y\right]\mathrm{d}u,$$

所以

$$p_X(x) = \int_{-\infty}^{+\infty} p(x,y)\mathrm{d}y. \tag{3.5}$$

同理,

$$p_Y(y) = \int_{-\infty}^{+\infty} p(x,y)\mathrm{d}x. \tag{3.6}$$

分别称 X 和 Y 的密度函数 $p_X(x)$ 和 $p_Y(y)$ 为二维随机向量 (X,Y) 关于 X 和 Y 的边缘密度函数或边缘密度.

例 3.6　设随机向量 (X,Y) 的联合密度函数为

$$p(x,y) = \begin{cases} 8xy, & 0 \leqslant x \leqslant y \leqslant 1, \\ 0, & \text{其他}, \end{cases}$$

试求 X 和 Y 的边缘密度函数.

解　X 的边缘密度函数

$$p_X(x) = \int_{-\infty}^{+\infty} p(x,y)\mathrm{d}y.$$

当 $0 \leqslant x \leqslant 1$ 时,$p_X(x) = \int_x^1 8xy\mathrm{d}y = 4x(1-x^2)$;

当 $x < 0$ 或 $x > 1$ 时,$p_X(x) = 0.$ 故

$$p_X(x) = \begin{cases} 4x(1-x)^2, & 0 \leqslant x \leqslant 1, \\ 0, & \text{其他}. \end{cases}$$

同理可得

$$p_Y(y) = \begin{cases} 4y^3, & 0 \leqslant y \leqslant 1, \\ 0, & \text{其他}. \end{cases}$$

3.1.4　两个常用的多维分布

1. 多维均匀分布

设 D 为 $\mathbf{R}^n$ 中的一个有界区域,其度量为 S_D,如果多维随机变量 $(X_1,X_2,\cdots,X_n)$ 的联合密度函数为

$$p(x_1,x_2,\cdots,x_n) = \begin{cases} \dfrac{1}{S_D}, & (x_1,x_2,\cdots,x_n) \in D, \\ 0, & \text{其他}, \end{cases} \tag{3.7}$$

则称 $(X_1,X_2,\cdots,X_n)$ 服从 D 上的多维均匀分布,记为 $(X_1,X_2,\cdots,X_n) \sim U(D).$

例 3.7　设 D 为平面上以原点为圆心、以 r 为半径的圆,(X,Y) 服从 D 上的二维均匀分布,其密度函数为

$$p(x,y) = \begin{cases} \dfrac{1}{\pi r^2}, & x^2 + y^2 \leqslant r^2, \\ 0, & x^2 + y^2 > r^2, \end{cases}$$

试求概率 $P\left(\mid X \mid \leqslant \dfrac{r}{2} \right)$.

解 先找出 $p(x,y)$ 的非零区域与事件 $\left(\mid X \mid \leqslant \dfrac{r}{2} \right)$ 的交集部分. 于是所求的概率为

$$\begin{aligned} P\left(\mid X \mid \leqslant \dfrac{r}{2} \right) &= \int_{-\frac{r}{2}}^{\frac{r}{2}} \int_{-\sqrt{r^2-x^2}}^{\sqrt{r^2-x^2}} \dfrac{1}{\pi r^2} \mathrm{d}y\mathrm{d}x = \dfrac{1}{\pi r^2} \int_{-r/2}^{r/2} 2\sqrt{r^2 - x^2} \mathrm{d}x \\ &= \dfrac{1}{\pi r^2} \left(x\sqrt{r^2 - x^2} + r^2 \arcsin \dfrac{x}{r} \right) \Big|_{-r/2}^{r/2} \\ &= \dfrac{1}{\pi r^2} \left(r\sqrt{r^2 - \dfrac{r^2}{4}} + 2r^2 \arcsin \dfrac{1}{2} \right) \\ &= \dfrac{1}{\pi} \left(\dfrac{\sqrt{3}}{2} + \dfrac{\pi}{3} \right) = 0.609. \end{aligned}$$

2. 二元正态分布

如果二维随机向量 (X,Y) 的联合密度函数为

$$\begin{aligned} p(x,y) = &\dfrac{1}{2\pi\sigma_1\sigma_2\sqrt{1-\rho^2}} \exp\Bigg\{ -\dfrac{1}{2(1-\rho^2)} \Bigg[\dfrac{(x-\mu_1)^2}{\sigma_1^2} \\ &- 2\rho \dfrac{(x-\mu_1)(y-\mu_2)}{\sigma_1\sigma_2} + \dfrac{(y-\mu_2)^2}{\sigma_2^2} \Bigg] \Bigg\} \\ &\quad (-\infty < x,y < +\infty), \end{aligned} \tag{3.8}$$

则称 (X,Y) 服从二元正态分布, 记为 $(X,Y) \sim N(\mu_1,\mu_2,\sigma_1^2,\sigma_2^2,\rho)$. 其中五个参数的取值范围分别是: $-\infty < \mu_1,\mu_2 < +\infty$; $\sigma_1,\sigma_2 > 0$; $-1 < \rho < 1$.

以后将指出: μ_1,μ_2 分别是 X 与 Y 的均值, σ_1^2,σ_2^2 分别是 X 与 Y 的方差, ρ 是 X 与 Y 的相关系数.

例 3.8 设二维随机向量 $(X,Y) \sim N(\mu_1,\mu_2,\sigma_1^2,\sigma_2^2,\rho)$, 求边缘密度函数 $\varphi_X(x)$ 和 $\varphi_Y(y)$.

解 $\varphi_X(x) = \displaystyle\int_{-\infty}^{+\infty} p(x,y)\mathrm{d}y.$

令 $s = \dfrac{x-\mu_1}{\sigma_1}, t = \dfrac{y-\mu_2}{\sigma_2}$, 得

$$\begin{aligned} \varphi_X(x) &= \int_{-\infty}^{+\infty} \dfrac{1}{2\pi\sigma_1\sqrt{1-\rho^2}} \mathrm{e}^{-\frac{1}{2(1-\rho^2)}(s^2 - 2\rho st + t^2)} \mathrm{d}t \\ &= \dfrac{1}{\sqrt{2\pi}\sigma_1} \mathrm{e}^{-\frac{(x-\mu_1)^2}{2\sigma_1^2}} \int_{-\infty}^{+\infty} \dfrac{1}{\sqrt{2\pi}\sqrt{1-\rho^2}} \mathrm{e}^{-\frac{(t-\rho s)^2}{2(1-\rho^2)}} \mathrm{d}t = \dfrac{1}{\sqrt{2\pi}\sigma_1} \mathrm{e}^{-\frac{(x-\mu_1)^2}{2\sigma_1^2}}, \end{aligned}$$

也即 $X \sim N(\mu_1, \sigma_1^2)$. 对称地,可知 $Y \sim N(\mu_2, \sigma_2^2)$.

在上例当中,值得我们注意的问题是:

(1) 凡是与正态分布有关的计算一般需要作变换简化计算.

(2) 当且仅当 $\rho = 0$ 时,有 $p(x, y) = \varphi_X(x)\varphi_Y(y)$.

(3) 二元正态分布的边缘分布是一元正态分布,且与参数 ρ 无关,这说明 ρ 不同,得到的二元正态分布也不同,但其边缘分布是相同的.因此由边缘分布是不能唯一确定联合分布的,即使 X 和 Y 都服从正态分布的随机变量,(X, Y) 也可能不是服从正态分布的.下面这个例子就说明了这种情况.

例 3.9　设 $p(x, y) = \dfrac{1}{2\pi}e^{-\frac{x^2+y^2}{2}}(1 + \sin x \sin y)(-\infty < x, y < +\infty)$,则 $p(x, y) \geqslant 0$ 显然成立,且有

$$\int_{-\infty}^{+\infty}\int_{-\infty}^{+\infty} p(x, y)\mathrm{d}x\,\mathrm{d}y = \frac{1}{2\pi}\int_{-\infty}^{+\infty}\int_{-\infty}^{+\infty} e^{-\frac{x^2+y^2}{2}}\mathrm{d}x\mathrm{d}y = 1.$$

这是因为 $\sin x$ 是奇函数,而 $e^{-\frac{x^2}{2}}$ 是偶函数,于是有

$$\int_{-\infty}^{+\infty} e^{-\frac{y^2}{2}}\sin y\,\mathrm{d}y = \int_{-\infty}^{+\infty} e^{-\frac{x^2}{2}}\sin x\,\mathrm{d}x = 0,$$

即 $p(x, y)$ 是某个二维随机向量 (X, Y) 的联合密度函数.这时,

$$p_X(x) = \int_{-\infty}^{+\infty} p(x, y)\mathrm{d}y = \frac{1}{2\pi}\int_{-\infty}^{+\infty} e^{-\frac{x^2+y^2}{2}}(1 + \sin x \sin y)\mathrm{d}y$$

$$= \frac{1}{\sqrt{2\pi}}e^{-\frac{x^2}{2}} \cdot \frac{1}{\sqrt{2\pi}}\int_{-\infty}^{+\infty} e^{-\frac{y^2}{2}}\mathrm{d}y = \frac{1}{\sqrt{2\pi}}e^{-\frac{x^2}{2}}.$$

同理还有

$$p_Y(y) = \frac{1}{\sqrt{2\pi}}e^{-\frac{y^2}{2}},$$

所以 X 与 Y 都是服从 $N(0, 1)$ 分布的随机变量,但是 (X, Y) 却并不服从二元正态分布.

3.2　随机变量的独立性

随机变量相互独立是概率论中非常重要的概念,它是随机事件相互独立的推广.本节主要讨论两个随机变量相互独立的一般性定义,然后对两个离散型随机变量和两个连续型随机变量相互独立进行不同的处理.

3.2.1　独立性的一般概念

定义 3.6　设 (X, Y) 的联合分布函数为 $F(x, y)$,边缘分布函数分别为

$F_X(x),F_Y(y)$,若对任意的实数 x,y,恒有

$$F(x,y) = F_X(x)F_Y(y),\qquad(3.9)$$

即 $P(X \leqslant x, Y \leqslant y) = P(X \leqslant x)P(Y \leqslant y)$,则称随机变量 X 与 Y 是相互独立的.

由定义可知:随机变量 X 与 Y 相互独立的充要条件是事件$(X \leqslant x)$ 与事件$(Y \leqslant y)$ 相互独立.

定理 3.2 随机变量 X 与 Y 独立的充要条件是对一切使得$(X \in A),(Y \in B)$ 有意义的实数集 A 和 B,有

$$P(X \in A, Y \in B) = P(X \in A)P(Y \in B).\qquad(3.10)$$

由于此定理的证明要运用测度论的知识,超出了本书的范围,从略.

下面的结论我们不给出证明,但在今后会经常用到.

定理 3.3 如果 X 与 Y 独立,则对任意的两个连续或逐段连续的实值函数 $f(x),g(x)$,$f(X)$ 与 $g(Y)$ 独立.

定义 3.7 设 n 维随机变量$(X_1,X_2,\cdots,X_n)$ 的联合分布函数为 $F(x_1,x_2,\cdots,x_n)$,$F_i(x_i)$ 为 X_i 的边缘分布函数. 如果对任意 n 个实数 $x_1,x_2,\cdots,x_n$,有

$$F(x_1,x_2,\cdots,x_n) = \prod_{i=1}^{n} F_i(x_i),\qquad(3.11)$$

则称 $X_1,X_2,\cdots,X_n$ 相互独立.

3.2.2 离散型随机变量的独立性

定理 3.4 若(X,Y) 的所有可能取值为$(x_i,y_j)(i,j = 1,2,\cdots)$,则 X 与 Y 相互独立的充分必要条件是对一切 $i,j = 1,2,\cdots$,有

$$P(X = x_i, Y = y_j) = P(X = x_i)P(Y = y_j).\qquad(3.12)$$

证明略.

例 3.10 已知(X,Y) 的联合分布列如表 3.6.

表 3.6

X \ Y	1	2
1	$\frac{1}{3}$	$\frac{1}{6}$
2	a	$\frac{1}{9}$
3	b	$\frac{1}{18}$

解　先求出 (X,Y) 关于 X 和 Y 的边缘分布列,见表 3.7、表 3.8.

表 3.7

X	1	2	3
P	$\dfrac{1}{2}$	$a+\dfrac{1}{9}$	$b+\dfrac{1}{18}$

表 3.8

Y	1	2
P	$a+b+\dfrac{1}{3}$	$\dfrac{1}{3}$

要使 X 与 Y 相互独立,可用 $p_{ij}=p_i\cdot p_j$ 来确定 a,b,
$$P(X=2,Y=2)=P(X=2)P(Y=2),$$
$$P(X=3,Y=2)=P(X=3)P(Y=2),$$
即
$$\begin{cases} \dfrac{1}{9}=\left(a+\dfrac{1}{9}\right)\cdot\dfrac{1}{3} \\[2mm] \dfrac{1}{18}=\left(b+\dfrac{1}{18}\right)\cdot\dfrac{1}{3} \end{cases} \Rightarrow \begin{cases} a=\dfrac{2}{9} \\[2mm] b=\dfrac{1}{9} \end{cases}.$$

因此,(X,Y) 的联合分布列和边缘分布列如表 3.9.

表 3.9

X \ Y	1	2	$p_{i\cdot}$
1	$\dfrac{1}{3}$	$\dfrac{1}{6}$	$\dfrac{1}{2}$
2	$\dfrac{2}{9}$	$\dfrac{1}{9}$	$\dfrac{1}{3}$
3	$\dfrac{1}{9}$	$\dfrac{1}{18}$	$\dfrac{1}{6}$
$p_{\cdot j}$	$\dfrac{2}{3}$	$\dfrac{1}{3}$	1

经检验,此时 X 与 Y 是相互独立的.

3.2.3　连续型随机变量的独立性

定理 3.5　若连续型随机向量 (X,Y) 的密度函数 $p(x,y)$ 处处连续,则 X 和 Y 相互独立的充分必要条件是
$$p(x,y)=p_X(x)\cdot p_Y(y). \tag{3.13}$$

证明 充分性：若 $p(x,y) = p_X(x) \cdot p_Y(y)$，则

$$F(x,y) = \int_{-\infty}^{x} \int_{-\infty}^{y} p(u,v) \mathrm{d}u \mathrm{d}y = \int_{-\infty}^{x} \int_{-\infty}^{y} p_X(u) p_Y(v) \mathrm{d}u \mathrm{d}v$$

$$= \int_{-\infty}^{x} p_X(u) \mathrm{d}u \int_{-\infty}^{y} p_Y(v) \mathrm{d}v = F_X(x) \cdot F_Y(y).$$

必要性：若 X,Y 互相独立，则 $F(x,y) = F_X(x) \cdot F_Y(y)$，即

$$\int_{-\infty}^{x} \int_{-\infty}^{y} p(u,v) \mathrm{d}u \mathrm{d}v = \int_{-\infty}^{x} p_X(u) \mathrm{d}u \int_{-\infty}^{y} p_Y(v) \mathrm{d}v$$

$$= \int_{-\infty}^{x} \int_{-\infty}^{y} p_X(u) p_Y(v) \mathrm{d}u \mathrm{d}v.$$

在 $p(x,y),p_X(x)$ 和 $p_Y(y)$ 的连续点处，上式两边关于 x,y 求导得

$$p(x,y) = p_X(x) \cdot p_Y(y).$$

例 3.11 设二维随机向量 (X,Y) 具有概率密度函数

$$p(x,y) = \begin{cases} 15x^2 y, & 0 < x < y < 1, \\ 0, & \text{其他}. \end{cases}$$

(1) 求 X,Y 的边缘概率密度；

(2) X 与 Y 是否相互独立？

解

$$p_X(x) = \int_{-\infty}^{+\infty} p(x,y) \mathrm{d}y = \begin{cases} \int_{x}^{1} 15x^2 y \mathrm{d}y, & 0 < x < 1, \\ 0, & \text{其他} \end{cases}$$

$$= \begin{cases} \dfrac{15}{2}(x^2 - x^4), & 0 < x < 1, \\ 0, & \text{其他}; \end{cases}$$

$$p_Y(x) = \int_{-\infty}^{+\infty} p(x,y) \mathrm{d}x = \begin{cases} \int_{0}^{y} 15x^2 y \mathrm{d}x, & 0 < y < 1, \\ 0, & \text{其他} \end{cases}$$

$$= \begin{cases} 5y^4, & 0 < y < 1, \\ 0, & \text{其他}. \end{cases}$$

由于 $p(x,y)$ 与 $p_X(x)p_Y(y)$ 在平面上不是几乎处处相等，因此 X 与 Y 不相互独立.

例 3.12 设 $(X,Y) \sim N(\mu_1,\mu_2,\sigma_1^2,\sigma_2^2,\rho)$，证明 X 与 Y 独立的充要条件是 $\rho = 0$.

证明 由例 3.8 易知.

3.3　二维随机向量的条件分布

二维随机向量(X,Y)之间主要表现为独立和相依两类关系,由于在许多问题中有关的随机变量取值往往是彼此是有影响的,这就使得条件分布成为研究变量之间的相依关系的一个有力工具.我们由条件概率很自然地引出条件概率分布的概念.

3.3.1　离散型随机向量的条件概率分布

设二维离散型随机向量(X,Y)的联合分布列为
$$p_{ij} = P(X = x_i, Y = y_j) \quad (i,j = 1,2,\cdots),$$
则由条件概率的定义,容易给出如下离散型随机向量的条件分布列.

定义 3.8　设(X,Y)是二维离散型随机向量,对于固定的j,若$P(Y = y_j) > 0$,则称

$$P(X = x_i \mid Y = y_j) = \frac{P(X = x_i, Y = y_j)}{P(Y = y_j)} = \frac{p_{ij}}{p_{\cdot j}} \tag{3.14}$$

为在$Y = y_j$条件下随机变量X的条件概率分布,记作$p_{i|j}$.

对固定的j,不难验证$p_{i|j}(i = 1,2,\cdots)$满足:

(1) **非负性**　$p_{i|j} \geqslant 0$;

(2) **正则性**　$\sum_i p_{i|j} = 1.$

对称地,可定义,已知$X = x_i$的条件下,Y的条件概率分布为$\{p_{j|i}, j = 1, 2, \cdots\}$.有了条件分布列,我们就可以给出离散型随机变量的条件分布函数.

给定在$Y = y_j$条件下X的条件分布函数为
$$F_{X|Y}(x \mid y_j) = \sum_{x_i \leqslant x} P(X = x_i \mid Y = y_j) = \sum_{x_i \leqslant x} p_{i|j};$$

给定在$X = x_i$条件下Y的条件分布函数为
$$F_{Y|X}(y \mid x_i) = \sum_{y_j \leqslant y} P(Y = y_j \mid X = x_i) = \sum_{y_j \leqslant y} p_{j|i}.$$

例 3.13　某射手进行射击,每次射击击中目标的概率为$p(0 < p < 1)$,射击进行到击中目标两次时停止.令X表示第一次击中目标时的射击次数,Y表示第二次击中目标时的射击次数,试求联合分布列p_{ij},条件分布列$p_{i|j}, p_{j|i}$.

解　据题意易知
$$p_{ij} = P(X = i, Y = j) = p^2 q^{j-2} \quad (1 \leqslant i < j = 2,3,\cdots),$$
其中$q = 1 - p$.又

$$p_{i\cdot} = \sum_{j=i+1}^{\infty} p_{ij} = \frac{p^2 q^{i-1}}{1-q} = pq^{i-1} \quad (i=1,2,\cdots),$$

$$p_{\cdot j} = \sum_{i=1}^{j-1} p_{ij} = \sum_{i=1}^{j-1} p^2 q^{j-2} = (j-1)p^2 q^{j-2} \quad (j=2,3,\cdots),$$

于是条件分布列为

$$p_{i|j} = \frac{p_{ij}}{p_{\cdot j}} = \frac{p^2 q^{j-2}}{(j-1)p^2 q^{j-2}} = \frac{1}{j-1} \quad (1 \leqslant i < j = 1,2,\cdots),$$

$$p_{j|i} = \frac{p_{ij}}{p_{i\cdot}} = \frac{p^2 q^{j-2}}{pq^{i-1}} = pq^{j-i-1} \quad (j>i, i=1,2,\cdots).$$

3.3.2 连续型随机向量的条件分布

设二维连续型随机向量(X,Y)的联合密度函数为$p(x,y)$,边缘密度函数分别为$p_X(x), p_Y(y)$.在离散型场合,其条件分布函数为$P(Y \leqslant y \mid X = x)$,但是由于连续型随机变量取单个点值的概率为零,即$P(X = x) = 0$,所以就不能直接用条件概率公式引入"条件分布函数"了.一个很自然的想法就是将$P(Y \leqslant y \mid X = x)$看成是$\Delta x \to 0$时$P(Y \leqslant y \mid x < X \leqslant x + \Delta x)$的极限.于是引出下述定义:

定义 3.9 设对于任意小的$\Delta x > 0$,有$P(x < X \leqslant x + \Delta x) > 0$,若

$$\lim_{\Delta x \to 0} P(Y \leqslant y \mid x < X \leqslant x + \Delta x) = \lim_{\Delta x \to 0} \frac{P(Y \leqslant y, x < X \leqslant x + \Delta x)}{P(x < X \leqslant x + \Delta x)}$$

存在,则称此极限为$X = x$的条件下Y的条件分布函数.记作$P(Y \leqslant y \mid X = x)$或$F_{Y|X}(y \mid x)$.

定理 3.6 设连续型随机向量(X,Y)的联合密度函数$p(x,y)$连续,若$p_X(x) > 0$,则

$$F_{Y|X}(y \mid x) = \frac{\int_{-\infty}^{y} p(x,v)\mathrm{d}v}{p_X(x)}. \tag{3.15}$$

从而它是连续型随机变量的分布函数,其密度函数为$\dfrac{p(x,y)}{p_X(x)}$,称它为在$X = x$条件下,Y的条件密度函数,记作$p_{Y|X}(y \mid x)$.

证明 若$p(x,y)$在点(x,y)处连续,$p_X(x)$连续,且$p_X(x) > 0$,则有

$$F_{Y|X}(y \mid x) = \lim_{\Delta x \to 0} \frac{P(x < X \leqslant x + \Delta x, Y \leqslant y)}{P(x < X \leqslant x + \Delta x)}$$

$$= \lim_{\Delta x \to 0} \frac{[F(x+\Delta x, y) - F(x,y)]/\Delta x}{[F_X(x+\Delta x) - F_X(x)]/\Delta x}$$

$$= \frac{\lim\limits_{\Delta x \to 0} [F(x+\Delta x, y) - F(x,y)]/\Delta x}{\lim\limits_{\Delta x \to 0} [F_X(x+\Delta x) - F_X(x)]/\Delta x}$$

$$= \frac{\partial F(x,y)}{\partial x} \bigg/ \frac{\partial F_X(x)}{\partial x}$$

$$= \frac{\int_{-\infty}^{y} p(x,v)\mathrm{d}v}{p_X(x)}.$$

对 y 求导, 得到在条件 $X = x$ 下 Y 的条件密度函数为

$$p_{Y|X}(y \mid x) = \frac{p(x,y)}{p_X(x)}. \tag{3.16}$$

类似地, 在条件 $Y = y$ 下, X 的条件分布函数及条件密度函数分别为

$$F_{X|Y}(x \mid y) = \frac{\int_{-\infty}^{x} p(u,y)\mathrm{d}u}{p_Y(y)}, \tag{3.17}$$

$$p_{X|Y}(x \mid y) = \frac{p(x,y)}{p_Y(y)}. \tag{3.18}$$

例 3.14　设二维随机向量 (X,Y) 服从圆域 $x^2 + y^2 \leqslant 1$ 上的均匀分布, 试求条件密度函数 $p_{X|Y}(x \mid y)$.

解　二维随机向量 (X,Y) 的联合密度函数为

$$p(x,y) = \begin{cases} \dfrac{1}{\pi}, & x^2 + y^2 \leqslant 1, \\ 0, & \text{其他}. \end{cases}$$

由此得, 当 $-1 \leqslant y \leqslant 1$ 时,

$$p_Y(y) = \int_{-\infty}^{+\infty} p(x,y)\mathrm{d}x = \int_{-\sqrt{1-y^2}}^{\sqrt{1-y^2}} \frac{1}{\pi}\mathrm{d}x = \frac{2\sqrt{1-y^2}}{\pi},$$

所以, 随机变量 Y 的密度函数为

$$p_Y(y) = \begin{cases} \dfrac{2}{\pi}\sqrt{1-y^2}, & -1 \leqslant y \leqslant 1, \\ 0, & \text{其他}. \end{cases}$$

由此得, 当 $-1 < y < 1$ 时,

$$p_Y(y) > 0,$$

因此, 当 $-1 < y < 1$ 时,

$$p_{X|Y}(x \mid y) = \frac{p(x,y)}{p_Y(y)} = \frac{\dfrac{1}{\pi}}{\dfrac{1}{\pi} \cdot 2\sqrt{1-y^2}}.$$

所以

$$p_{X|Y}(x \mid y) = \begin{cases} \dfrac{1}{2\sqrt{1-y^2}}, & -\sqrt{1-y^2} \leqslant x \leqslant \sqrt{1-y^2}, \\ 0, & \text{其他}. \end{cases}$$

即当 $-1 < y < 1$ 时，X 在 $Y = y$ 下的条件分布是区间 $[-\sqrt{1-y^2}, \sqrt{1-y^2}]$ 上的均匀分布.

例 3.15　设 $(X, Y) \sim N(\mu_1, \mu_2, \sigma_1^2, \sigma_2^2, \rho)$，求 $p_{X|Y}(x \mid y)$.

解　因为 $(X, Y) \sim N(\mu_1, \mu_2, \sigma_1^2, \sigma_2^2, \rho)$，所以 $Y \sim N(\mu_2, \sigma_2^2)$，从而

$$p_{X|Y}(x \mid y) = \frac{p(x, y)}{p_Y(y)}$$

$$= \frac{\dfrac{1}{2\pi\sigma_1\sigma_2\sqrt{1-\rho^2}} \cdot \exp\left\{-\dfrac{1}{2(1-\rho^2)}\left[\dfrac{(x-\mu_1)^2}{\sigma_1^2} - 2\rho\dfrac{(x-\mu_1)(y-\mu_2)}{\sigma_1\sigma_2} + \dfrac{(y-\mu_2)^2}{\sigma_2^2}\right]\right\}}{\dfrac{1}{\sqrt{2\pi}\sigma_2} \cdot \exp\left\{-\dfrac{(y-\mu_2)^2}{2\sigma_2^2}\right\}}$$

$$= \frac{1}{\sqrt{2\pi}\sigma_1\sqrt{1-\rho^2}} \cdot \exp\left\{-\frac{1}{2\sigma_1^2(1-\rho^2)}\left[x - \left(\mu_1 + \rho\frac{\sigma_1}{\sigma_2}(y-\mu_2)\right)\right]^2\right\} \quad (-\infty < x < +\infty),$$

故在 $Y = y$ 条件下，

$$X \sim N\left(\mu_1 + \rho\frac{\sigma_1}{\sigma_2}(y-\mu_2), \sigma_1^2(1-\rho^2)\right).$$

对称地，在 $X = x$ 条件下，我们可求得

$$Y \sim N\left(\mu_2 + \rho\frac{\sigma_2}{\sigma_1}(x-\mu_1), \sigma_2^2(1-\rho^2)\right).$$

这表明，二元正态分布的条件分布是一元正态分布.

3.4　随机向量函数的分布

上一章当中已经讨论过一个随机变量函数的分布，本节主要讨论两个随机变量函数的分布. 我们只就下面几个具体的函数来讨论.

3.4.1　离散型随机向量函数的分布

我们首先看一个具体的例子.

例 3.16　已知随机变量 (X, Y) 的联合分布列如表 3.10.

表 3.10

X \ Y	1	2
1	1/5	1/5
2	0	1/5
3	1/5	1/5

试求 $Z_1 = X + Y, Z_2 = \max\{X, Y\}$ 的分布列.

解　Z_1 的所有可能取值为 $2, 3, 4, 5$,

$P(Z_1 = 2) = P(X + Y = 2) = P(X = 1, Y = 1) = 1/5,$

$P(Z_1 = 3) = P(X + Y = 3) = P(X = 1, Y = 2) + P(X = 2, Y = 1) = 1/5,$

$P(Z_1 = 4) = P(X + Y = 4) = P(X = 2, Y = 2) + P(X = 3, Y = 1) = 2/5,$

$P(Z_1 = 5) = P(X + Y = 5) = P(X = 3, Y = 2) = 1/5,$

Z_1 的分布列为 $\begin{pmatrix} 2 & 3 & 4 & 5 \\ 1/5 & 1/5 & 2/5 & 1/5 \end{pmatrix};$

$Z_2 = \max\{X, Y\}$ 的所有可能取值为 $1, 2, 3$,

$P(Z_2 = 1) = P(X = 1, Y = 1) = 1/5,$

$P(Z_2 = 2) = P(X = 1, Y = 2) + P(X = 2, Y = 1) + P(X = 2, Y = 2)$
$= 1/5 + 0 + 1/5 = 2/5,$

$P(Z_2 = 3) = P(X = 3, Y = 1) + P(X = 3, Y = 2) = 1/5 + 1/5 = 2/5,$

Z_2 的分布列为 $\begin{pmatrix} 1 & 2 & 3 \\ 1/5 & 2/5 & 2/5 \end{pmatrix}.$

结合上面具体的例子,我们可得下面更一般的结果:

一般地,如果二维离散型随机向量 (X, Y) 的联合分布列为

$$P(X = x_i, Y = y_i) = p_{ij} \quad (i, j = 1, 2, \cdots),$$

记 $z_k (k = 1, 2, \cdots)$ 为 $Z = g(X, Y)$ 的所有可能的取值,则 Z 的概率分布为

$$P(Z = z_k) = P[g(X, Y) = z_k]$$

$$= \sum_{i, j : g(x_i, y_j) = z_k} P(X = x_i, Y = y_j) \quad (k = 1, 2, \cdots). \quad (3.19)$$

特别地,若 $Z = X + Y$,则

$$P(Z = z_k) = \sum_i P(X = x_i, Y = z_k - x_i)$$

$$= \sum_j P(X = z_k - y_j, Y = y_j).$$

当 X 与 Y 独立时,上式为

$$P(Z = z_k) = \sum_i P(X = x_i) P(Y = z_k - x_i)$$

$$= \sum_j P(X = z_k - y_j) P(Y = y_j).$$

例 3.17 (泊松分布的可加性)　设 $X \sim P(\lambda_1), Y \sim P(\lambda_2)$,且 X 与 Y 相互独立. 证明 $Z = X + Y \sim P(\lambda_1 + \lambda_2)$.

证明　$Z = X + Y$ 的所有可能取值为 $0, 1, 2, 3, \cdots$,

$$P(Z = k) = P(X + Y = k) = \sum_{i=0}^{k} P(X = i) P(Y = k - i)$$

$$= \sum_{i=0}^{k} \frac{\lambda_1^i}{i!} e^{-\lambda_1} \cdot \frac{\lambda_2^{k-i}}{(k-i)!} e^{-\lambda_2}$$

$$= e^{-(\lambda_1+\lambda_2)} \frac{1}{k!} \sum_{i=0}^{k} \frac{k!}{i!(k-i)!} \lambda_1^i \lambda_2^{k-i} = \frac{(\lambda_1+\lambda_2)^k}{k!} e^{-(\lambda_1+\lambda_2)},$$

其中 $k = 0,1,2,3,\cdots$,因此 $Z \sim P(\lambda_1 + \lambda_2)$.

推广 一般地,若 $X_1,\cdots,X_n$ 独立,且 $X_i \sim P(\lambda_i)$,$1 \leqslant i \leqslant n$,则 $\sum_{i=1}^{n} X_i \sim$ $P(\sum_{i=1}^{n} \lambda_i)$.

例 3.18 (二项分布的可加性) 设 $X \sim b(n,p)$,$Y \sim b(m,p)$,且 X 与 Y 相互独立,证明 $Z = X + Y \sim b(m+n,p)$.

证明 $Z = X + Y$ 所有可能的取值为 $0,1,2,\cdots,n+m$,

$$P(Z=k) = P(X+Y=k) = \sum_{i=0}^{k} P(X=i)P(Y=k-i),$$

注意到,上述和式中包含一些不可能事件,因此,只需考虑 $k - m \leqslant i \leqslant n$,记 $a = \max\{0, k-m\}$,$b = \min\{n,k\}$,则通过比较恒等式 $(1+x)^{n+m} = (1+x)^n (1+x)^m$ 两边 x^k 的系数,可以证明:$\sum_{i=a}^{b} C_n^i C_m^{k-i} = C_{n+m}^k$.

于是,

$$P(Z=k) = \sum_{i=a}^{b} P(X=i)P(Y=k-i)$$

$$= \sum_{i=a}^{b} C_n^i p^i q^{n-i} C_m^{k-i} p^{k-i} q^{m-(k-i)}$$

$$= p^k q^{n+m-k} \sum_{i=a}^{b} C_n^i C_m^{k-i}$$

$$= C_{n+m}^k p^k q^{n+m-k},$$

其中 $k = 0,1,2,3,\cdots,n+m$,因此 $Z \sim B(n+m,p)$.

推广 若 $X_1,\cdots,X_k$ 独立,且 $X_i \sim B(n_i,p)(1 \leqslant i \leqslant k)$,则

$$\sum_{i=1}^{k} X_i \sim B(n_1 + \cdots + n_k, p).$$

特别地,若 $X_1,\cdots,X_n$ 独立,且 $X_i \sim B(1,p)(1 \leqslant i \leqslant n)$,则 $\sum_{i=1}^{n} X_i \sim B(n,p)$.

这表明,服从二项分布 $B(n,p)$ 的随机变量可以分解成 n 个相互独立的 $0-1$ 分布的随机变量之和.

3.4.2　连续型随机向量函数的分布

1. 最值分布

例 3.19　设随机变量 X, Y 相互独立,且分布函数分别为 $F_X(x)$ 和 $F_Y(y)$,记 $U = \max\{X, Y\}, V = \min\{X, Y\}$,求 U 与 V 的分布函数.

解

$$F_U(u) = P(U \leqslant u) = P(\max\{X, Y\} \leqslant u)$$
$$= P[(X \leqslant u) \cap (Y \leqslant u)],$$

由独立性,

$$P(X \leqslant u) \cdot P(Y \leqslant u) = F_X(u) \cdot F_Y(u).$$

即 U 的分布函数为 $F_U(u) = F_X(u) \cdot F_Y(u)$;

$$F_V(v) = P(V \leqslant v) = 1 - P(V > v) = 1 - P(\min\{X, Y\} > v)$$
$$= 1 - P[(X > v) \cap (Y > v)] = 1 - P(X > v)P(Y > v)$$
$$= 1 - [1 - P(X \leqslant v)][1 - P(Y \leqslant v)]$$
$$= 1 - [1 - F_X(v)][1 - F_Y(v)],$$

即 V 的分布函数为 $F_V(v) = 1 - [1 - F_X(v)][1 - F_Y(v)]$.

结论的推广

(1) 设 $X_1, X_2, \cdots, X_n$ 相互独立,且 X_i 的分布函数为 $F_i(x_i)$,则

$U = \max\{X_1, X_2, \cdots, X_n\}$ 的分布函数为 $F_U(u) = \prod\limits_{i=1}^{n} F_i(u)$;

$V = \min\{X_1, X_2, \cdots, X_n\}$ 的分布函数为 $F_V(v) = 1 - \prod\limits_{i=1}^{n} [1 - F_i(v)]$.

(2) 设 $X_1, X_2, \cdots, X_n$ 相互独立且具有相同分布函数 $F(x)$,则

$U = \max\{X_1, X_2, \cdots, X_n\}$ 的分布函数为 $F_U(u) = [F(u)]^n$;

$V = \min\{X_1, X_2, \cdots, X_n\}$ 的分布函数为 $F_V(v) = 1 - [1 - F(v)]^n$.

(3) 设 $X_1, X_2, \cdots, X_n$ 相互独立且具有相同的概率密度 $p(x)$,则

$U = \max\{X_1, X_2, \cdots, X_n\}$ 的密度函数为 $p_U(u) = n[F(u)]^{n-1} p(u)$;

$V = \min\{X_1, X_2, \cdots, X_n\}$ 的密度函数为 $p_V(v) = n[1 - F(v)]^{n-1} p(v)$.

2. $Z = X + Y$ 的分布

已知 (X, Y) 的联合概率密度 $p(x, y)$,求 $Z = X + Y$ 的分布函数.

根据分布函数定义有

$$F_z(z) = P(Z \leqslant z) = P(X + Y \leqslant z) = \iint\limits_{D} p(x, y) \mathrm{d}x \mathrm{d}y$$

$$= \iint\limits_{x+y \leqslant z} p(x, y) \mathrm{d}x y = \int_{-\infty}^{+\infty} \left[\int_{-\infty}^{z-x} p(x, y) \mathrm{d}y \right] \mathrm{d}x,$$

令 $u = y + x$,

$$\int_{-\infty}^{+\infty} \mathrm{d}x \int_{-\infty}^{z} p(x, u - x) \mathrm{d}u = \int_{-\infty}^{z} \left[\int_{-\infty}^{+\infty} p(x, u - x) \mathrm{d}x \right] \mathrm{d}u,$$

对 z 求导,得 z 的概率密度 $p_Z(z)$ 为

$$p_Z(z) = \int_{-\infty}^{+\infty} p(x, z - x) \mathrm{d}x,$$

由对称性可得

$$p_Z(z) = \int_{-\infty}^{+\infty} p(z - y, y) \mathrm{d}y.$$

卷积公式 若 X, Y 相互独立,则 $p(x, y) = p_X(x) \cdot p_Y(y)$,代入前述 $p_Z(z)$ 的表达式可得

$$p_Z(z) = \int_{-\infty}^{+\infty} p_X(x) p_Y(z - x) \mathrm{d}x,$$

$$p_Z(z) = \int_{-\infty}^{+\infty} p_X(z - y) p_Y(y) \mathrm{d}y.$$

例 3.20 设随机变量 X 与 Y 相互独立,都服从区间 $(0,1)$ 上的均匀分布,令 $Z = X + Y$,试求随机变量 Z 的密度函数.

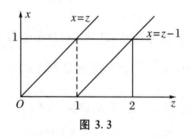

图 3.3

解 由题意可知

$$p_X(x) = \begin{cases} 1, & 0 < x < 1, \\ 0, & \text{其他}, \end{cases} \qquad p_Y(y) = \begin{cases} 1, & 0 < y < 1, \\ 0, & \text{其他}, \end{cases}$$

则

$$p_Z(z) = \int_{-\infty}^{+\infty} p_X(x) p_Y(z - x) \mathrm{d}x.$$

当 $0 < x < 1, 0 < z - x < 1$ 时,被积函数为 1,其他区域被积函数为 0,即 $0 < x < 1$,且 $z - 1 < x < z$.

(1) 若 $z \leqslant 0$ 或 $z \geqslant 2$,$p_Z(z) = 0$;

(2) 若 $0 < z \leqslant 1$,$p_Z(z) = \int_0^z 1 \mathrm{d}x = z$;

(3) 若 $1 < z < 2$,$p_Z(z) = \int_{z-1}^1 1 \mathrm{d}x = 2 - z$.

综上所述,我们可得 $Z = X + Y$ 的密度函数为 $p_Z(z) = \begin{cases} z, & 0 < z \leqslant 1, \\ 2 - z, & 1 < z < 2, \\ 0, & 其他. \end{cases}$

例 3.21（正态分布的可加性）　设 $X \sim N(\mu_1, \sigma_1^2)$, $Y \sim N(\mu_2, \sigma_2^2)$,且 X 与 Y 相互独立,证明 $Z = X + Y \sim N(\mu_1 + \mu_2, \sigma_1^2 + \sigma_2^2)$.

证明　由卷积公式,

$$P_Z(z) = \int_{-\infty}^{+\infty} p_X(x) p_Y(z - x) \mathrm{d}x$$

$$= \int_{-\infty}^{+\infty} \frac{1}{\sqrt{2\pi}\sigma_1} \exp\left\{ -\frac{(x - \mu_1)^2}{2\sigma_1^2} \right\} \cdot \frac{1}{\sqrt{2\pi}\sigma_2} \exp\left\{ -\frac{(z - x - \mu_2)^2}{2\sigma_2^2} \right\} \mathrm{d}x$$

$$= \int_{-\infty}^{+\infty} \frac{1}{2\pi\sigma_1\sigma_2} \exp\left\{ -\frac{1}{2}\left[\frac{(x - \mu_1)^2}{\sigma_1^2} + \frac{(z - x - \mu_2)^2}{\sigma_2^2} \right] \right\} \mathrm{d}x$$

$$= \int_{-\infty}^{+\infty} \frac{1}{2\pi\sigma_1\sigma_2} \exp\left\{ -\frac{\sigma_1^2 + \sigma_2^2}{2\sigma_1^2\sigma_2^2}\left[x - \mu_1 - \frac{\sigma_1^2(z - \mu_1 - \mu_2)}{\sigma_1^2 + \sigma_2^2} \right]^2 \right.$$

$$\left. -\frac{(z - \mu_1 - \mu_2)^2}{2(\sigma_1^2 + \sigma_2^2)} \right\} \mathrm{d}x$$

$$= \frac{1}{\sqrt{2\pi}\sqrt{\sigma_1^2 + \sigma_2^2}} \exp\left\{ -\frac{(z - \mu_1 - \mu_2)^2}{2(\sigma_1^2 + \sigma_2^2)} \right\}$$

$$\cdot \int_{-\infty}^{+\infty} \frac{1}{\sqrt{2\pi}\frac{\sigma_1\sigma_2}{\sqrt{\sigma_1^2 + \sigma_2^2}}} \exp\left\{ -\frac{\left[x - \mu_1 - \frac{\sigma_1^2(z - \mu_1 - \mu_2)}{\sigma_1^2 + \sigma_2^2} \right]^2}{2\left(\frac{\sigma_1\sigma_2}{\sqrt{\sigma_1^2 + \sigma_2^2}} \right)^2} \right\} \mathrm{d}x$$

$$= \frac{1}{\sqrt{2\pi}\sqrt{\sigma_1^2 + \sigma_2^2}} \exp\left\{ -\frac{(z - \mu_1 - \mu_2)^2}{2(\sigma_1^2 + \sigma_2^2)} \right\},$$

于是得证,$Z = X + Y \sim N(\mu_1 + \mu_2, \sigma_1^2 + \sigma_2^2)$.

推广　如果 $X_i (i = 1, 2, \cdots, n)$ 为 n 个互相独立的随机变量,且 $X_i \sim N(\mu_i, \sigma_i)$,则 $\sum_{i=1}^{n} c_i X_i \sim N\left(\sum_{i=1}^{n} c_i \mu_i, \sum_{i=1}^{n} c_i^2 \sigma_i^2 \right)$.

3. 变量变换法

设 (X, Y) 的联合密度函数为 $p(x, y)$,函数 $\begin{cases} u = g_1(x, y), \\ v = g_2(x, y) \end{cases}$ 有连续偏导数,且存在唯一的反函数 $\begin{cases} x = x(u, v), \\ y = y(u, v), \end{cases}$ 其变换的雅可比行列式

$$J = \frac{\partial(x,y)}{\partial(u,v)} = \begin{vmatrix} \frac{\partial x}{\partial u} & \frac{\partial y}{\partial u} \\ \frac{\partial x}{\partial v} & \frac{\partial y}{\partial v} \end{vmatrix} = \left(\frac{\partial(u,v)}{\partial(x,y)} \right)^{-1} = \left(\begin{vmatrix} \frac{\partial u}{\partial x} & \frac{\partial u}{\partial y} \\ \frac{\partial v}{\partial x} & \frac{\partial v}{\partial y} \end{vmatrix} \right)^{-1} \neq 0.$$

若 $\begin{cases} U = g_1(X,Y), \\ V = g_2(X,Y), \end{cases}$ 则 (U,V) 的联合密度函数为

$$p(u,v) = p[x(u,v),y(u,v)] \, |J|.$$

这个方法实际上就是二重积分的变量变换法,其证明可参阅高等数学教科书.

例 3.22　设 X 与 Y 独立同分布,都服从正态分布 $N(\mu,\sigma^2)$,记 $\begin{cases} U = X + Y, \\ V = X - Y. \end{cases}$ 试求 (U,V) 的联合密度函数,U 与 V 是否相互独立?

解　因为 $\begin{cases} u = x + y, \\ v = x - y \end{cases}$ 的反函数为 $\begin{cases} x = (u+v)/2, \\ y = (u-v)/2, \end{cases}$ 则

$$J = \begin{vmatrix} \frac{\partial x}{\partial u} & \frac{\partial y}{\partial u} \\ \frac{\partial x}{\partial v} & \frac{\partial y}{\partial v} \end{vmatrix} = \begin{vmatrix} 1/2 & 1/2 \\ 1/2 & -1/2 \end{vmatrix} = -\frac{1}{2}.$$

所以得 (U,V) 的联合密度函数为

$$p(u,v) = p[x(u,v),y(u,v)] \, |J| = p_X[(u+v)/2] p_Y[(u-v)/2] \left| -\frac{1}{2} \right|$$

$$= \frac{1}{2\sqrt{2\pi}\sigma} \exp\left\{ -\frac{[(u+v)/2 - \mu]^2}{2\sigma^2} \right\} \frac{1}{\sqrt{2\pi}\sigma} \exp\left\{ -\frac{[(u-v)/2 - \mu]^2}{2\sigma^2} \right\}$$

$$= \frac{1}{4\pi\sigma^2} \exp\left\{ -\frac{(u - 2\mu)^2 + v^2}{4\sigma^2} \right\}.$$

这正是二元正态分布 $N(2\mu,0,2\sigma^2,2\sigma^2,0)$ 的密度函数,其边际分布为 $U \sim N(2\mu,2\sigma^2)$,$V \sim N(0,2\sigma^2)$,所以由 $p(u,v) = p_U(u) \cdot p_V(v)$ 知 U 与 V 相互独立.

4. 增补变量法

增补变量法实质上是变换法的一种应用.为了求出二维连续随机向量 (X,Y) 的函数 $U = g(X,Y)$ 的密度函数,增补一个新的随机变量 $V = h(X,Y)$,一般令 $V = X$ 或 $V = Y$.先用变换法求出 (U,V) 的联合密度函数 $p(u,v)$,再对 $p(u,v)$ 关于 v 积分,从而得出关于 U 的边际密度函数.

例 3.23（积的公式）　设 X 与 Y 相互独立,其密度函数分别为 $p_X(x)$ 和 $p_Y(y)$,则 $U = XY$ 的密度函数为 $p_U(u) = \int_{-\infty}^{+\infty} p_X(u/v) p_Y(v) \frac{1}{|v|} \mathrm{d}v$.

证　记 $V = Y$,则 $\begin{cases} u = xy, \\ v = y \end{cases}$ 的反函数为 $\begin{cases} x = u/v, \\ y = v, \end{cases}$ 雅可比行列式为 $J =$

$$\begin{vmatrix} \dfrac{1}{v} & -\dfrac{u}{v^2} \\ 0 & 1 \end{vmatrix} = \dfrac{1}{v},$$ 所以 (U,V) 的联合密度函数为

$$p(u,v) = p_X(u/v) \cdot p_Y(v) \mid J \mid = p_X(u/v) \cdot p_Y(v) \dfrac{1}{\mid v \mid}.$$

对 $p(u,v)$ 关于 v 积分，就可得 $U = XY$ 的密度函数

$$p_U(u) = \int_{-\infty}^{+\infty} p_X(u/v) p_Y(v) \dfrac{1}{\mid v \mid} \mathrm{d}v.$$

例 3.24（商的公式）　设 X 与 Y 相互独立，其密度函数分别为 $p_X(x)$ 和 $p_Y(y)$，则 $U = X/Y$ 的密度函数为 $p_U(u) = \int_{-\infty}^{+\infty} p_X(uv) p_Y(v) \mid v \mid \mathrm{d}v$.

证　记 $V = Y$，则 $\begin{cases} u = x/y, \\ v = y \end{cases}$ 的反函数为 $\begin{cases} x = uv, \\ y = v, \end{cases}$ 雅可比行列式为 $J = \begin{vmatrix} v & u \\ 0 & 1 \end{vmatrix} = v$，所以 (U,V) 的联合密度函数为

$$p(u,v) = p_X(uv) \cdot p_Y(v) \mid J \mid = p_X(uv) \cdot p_Y(v) \mid v \mid.$$

对 $p(u,v)$ 关于 v 积分，就可得 $U = X/Y$ 的密度函数

$$p_U(u) = \int_{-\infty}^{+\infty} p_X(uv) p_Y(v) \mid v \mid \mathrm{d}v.$$

例 3.23 和例 3.24 的结果可以直接用来解题.

例 3.25　设 X,Y 相互独立，都服从正态分布 $N(0,1)$，试求 $Z = X/Y$ 的密度函数.

解　由商的密度公式知

$$\begin{aligned} p_z(z) &= \frac{1}{2\pi} \int_{-\infty}^{+\infty} \mid y \mid \mathrm{e}^{-\frac{1}{2} y^2 (z^2+1)} \mathrm{d}y \\ &= \frac{1}{\pi} \int_0^{+\infty} y \mathrm{e}^{-\frac{1}{2} y^2 (z^2+1)} \mathrm{d}y \\ &= \frac{1}{\pi(z^2 + 1)}. \end{aligned}$$

3.5　随机向量的数字特征

3.5.1　随机向量函数的数学期望

定理 3.7　若二维随机向量 (X,Y) 的分布用联合分布列 $P(X = x_i, Y = y_j)$ 或联合密度函数 $p(x,y)$ 表示，则 $Z = g(X,Y)$ 的数学期望为

$$E(Z) = \begin{cases} \sum_i \sum_j g(x_i, y_j) P(X = x_i, Y = y_j), & \text{在离散场合}, \\ \int_{-\infty}^{+\infty} \int_{-\infty}^{+\infty} g(x, y) p(x, y) \mathrm{d}x \mathrm{d}y, & \text{在连续场合}. \end{cases}$$

这里所涉及的数学期望都假设存在.

由此可知:在连续场合(离散场合也类似)有

(1) 当 $g(X, Y) = X$ 时,$EX = \int_{-\infty}^{+\infty} \int_{-\infty}^{+\infty} x p(x, y) \mathrm{d}x \mathrm{d}y = \int_{-\infty}^{+\infty} x p_X(x) \mathrm{d}x$;

(2) 当 $g(X, Y) = (X - EX)^2$ 时,可得

$$DX = E(X - EX)^2 = \int_{-\infty}^{+\infty} \int_{-\infty}^{+\infty} (x - EX)^2 p(x, y) \mathrm{d}x \mathrm{d}y$$

$$= \int_{-\infty}^{+\infty} (x - EX)^2 p_X(x) \mathrm{d}x.$$

同理可得 Y 的数学期望和方差.

例 3.26　在长为 a 的线段上任取两个点 X 与 Y,求此两点间的平均长度.

解　由题意知,$X \sim U(0, a)$,$Y \sim U(0, a)$,且 X 与 Y 独立,则 (X, Y) 的联合密度函数为

$$p(x, y) = \begin{cases} \dfrac{1}{a^2}, & 0 < x < a, 0 < y < a, \\ 0, & \text{其他}, \end{cases}$$

于是两点间的平均长度为

$$E(|X - Y|) = \int_0^a \int_0^a |x - y| \frac{1}{a^2} \mathrm{d}x \mathrm{d}y$$

$$= \frac{1}{a^2} \left[\int_0^a \int_0^x (x - y) \mathrm{d}y \mathrm{d}x + \int_0^a \int_x^a (y - x) \mathrm{d}y \mathrm{d}x \right]$$

$$= \frac{1}{a^2} \left[\int_0^a \left(x^2 - ax + \frac{a^2}{2} \right) \mathrm{d}x \right] = \frac{a}{3}.$$

例 3.27　设二维随机向量 (X, Y) 具有概率密度

$$p(x, y) = \begin{cases} 15x^2 y, & 0 < x < y < 1, \\ 0, & \text{其他}, \end{cases}$$

设 $Z = XY$,试求 Z 的数学期望.

解　$EZ = EXY = \int_{-\infty}^{+\infty} \int_{-\infty}^{+\infty} xy \cdot p(x, y) \mathrm{d}x \mathrm{d}y$

$$= \int_0^1 \left(\int_0^y xy \cdot 15x^2 y \mathrm{d}x \right) \mathrm{d}y = \frac{15}{28}.$$

注意,利用定理 3.7,虽然可以省略求随机向量函数的分布,但在某些场合所涉及的求和或求积分难以计算,此时只能分两步走,先求随机向量函数的分布,然后

再由它的分布去求数学期望,见下例.

例 3.28　设随机变量 $X_1, X_2, \cdots, X_n$ 相互独立,且都服从 $(0, \theta)$ 的均匀分布,记 $Y = \max\{X_1, X_2, \cdots, X_n\}, Z = \min\{X_1, X_2, \cdots, X_n\}$,试求 EY 和 EZ.

解　记 X_i 的密度函数和分布函数分别为

$$p_i(x) = \begin{cases} \dfrac{1}{\theta}, & 0 < x < \theta, \\ 0, & 其他, \end{cases} \qquad F_i(x) = \begin{cases} 0, & x < 0, \\ \dfrac{x}{\theta}, & 0 \leqslant x < \theta, \\ 1, & x \geqslant \theta. \end{cases}$$

则当 $0 < t < \theta$ 时,Y 与 Z 的密度函数分别为

$$p_Y(t) = n[F_1(t)]^{n-1} p_1(t) = n\left(\frac{t}{\theta}\right)^{n-1} \frac{1}{\theta},$$

$$p_Z(t) = n[1 - F_1(t)]^{n-1} p_1(t) = n\left(1 - \frac{t}{\theta}\right)^{n-1} \frac{1}{\theta}.$$

所以

$$EY = \frac{n}{\theta^n} \int_0^\theta t^n \mathrm{d}t = \frac{n\theta}{n+1},$$

$$EZ = \frac{n}{\theta^n} \int_0^\theta t(\theta - t)^{n-1} \mathrm{d}t = \frac{\theta}{n+1}.$$

3.5.2　数学期望与方差的运算性质

下面假设所涉及的数学期望和方差都存在.

性质 1　设 (X, Y) 是二维随机向量,则有 $E(X + Y) = EX + EY$.

证明　这里仅对连续型随机变量证之,离散型随机变量类似可证.

设二维随机向量 (X, Y) 的密度函数为 $p(x, y)$,边缘密度函数分别为 $P_X(x)$ 和 $P_Y(y)$,则

$$\begin{aligned} E(X + Y) &= \int_{-\infty}^{+\infty} \int_{-\infty}^{+\infty} (x + y) p(x, y) \mathrm{d}x \mathrm{d}y \\ &= \int_{-\infty}^{+\infty} \int_{-\infty}^{+\infty} x p(x, y) \mathrm{d}x \mathrm{d}y + \int_{-\infty}^{+\infty} \int_{-\infty}^{+\infty} y p(x, y) \mathrm{d}x \mathrm{d}y \\ &= \int_{-\infty}^{+\infty} x P_X(x) \mathrm{d}x + \int_{-\infty}^{+\infty} y P_Y(y) \mathrm{d}y \\ &= EX + EY. \end{aligned}$$

推广　$E(X_1 + X_2 + \cdots + X_n) = EX_1 + EX_2 + \cdots + EX_n$.

性质 2　若随机变量 X 与 Y 相互独立,则有 $EXY = EXEY$.

证明　这里仅证明连续型随机变量,离散型随机变量类似可证.

由于随机变量 X 与 Y 相互独立,其联合密度函数与边缘密度函数满足:$p(x, y)$

$= p_X(x) p_Y(y)$，所以

$$EXY = \int_{-\infty}^{+\infty} \int_{-\infty}^{+\infty} xy p(x, y) \mathrm{d}x \mathrm{d}y$$

$$= \int_{-\infty}^{+\infty} \int_{-\infty}^{+\infty} xy p_X(x) p_Y(y) \mathrm{d}x \mathrm{d}y$$

$$= \left[\int_{-\infty}^{+\infty} x p_X(x) \right] \cdot \left[\int_{-\infty}^{+\infty} y p_Y(y) \right]$$

$$= EXEY.$$

推广　若 $X_1, X_2, \cdots, X_n$ 相互独立，则有 $E(X_1 X_2 \cdots X_n) = EX_1 EX_2 \cdots EX_n$．

性质 3　若随机变量 X 与 Y 相互独立，则有 $D(X \pm Y) = DX + DY$．

证明　由方差的定义知

$$D(X \pm Y) = E\big[(X \pm Y)^2\big] - \big[E(X \pm Y)\big]^2$$

$$= E(X^2 + Y^2 \pm 2XY) - \big[E(X \pm Y)\big]^2$$

$$= (EX^2 + EY^2 \pm 2EXEY) - \big[(EX)^2 + (EY)^2 \pm 2EXEY\big]$$

$$= \big[EX^2 - (EX)^2\big] + \big[EY^2 - (EY)^2\big]$$

$$= DX + DY.$$

利用数学归纳法，可得如下推广：

推广　若 $X_1, X_2, \cdots, X_n$ 相互独立，则有

$$D(X_1 \pm X_2 \pm \cdots \pm X_n) = DX_1 + DX_2 + \cdots + DX_n.$$

例 3.29　设 $X \sim B(n, p)$，试求 EX, DX．

分析　在计算时，若将 X 表示成若干个相互独立的 $0-1$ 分布变量之和，运用上述性质计算就极为简便．

解　在 n 重伯努利试验中，A 发生的概率为 p，不发生的概率为 $q = 1 - p$．设

$$X_i = \begin{cases} 1, & \text{第 } i \text{ 次试验 } A \text{ 发生}, \\ 0, & \text{第 } i \text{ 次试验 } A \text{ 不发生}, \end{cases}$$

$$EX_i = p, \quad DX_i = pq \quad (i = 1, 2, \cdots, n).$$

则 A 发生的次数

$$X = \sum_{i=1}^{n} X_i, \quad X \sim B(n, p),$$

$$EX = \sum_{i=1}^{n} EX_i = \sum_{i=1}^{n} p = np, \quad DX = \sum_{i=1}^{n} DX_i = \sum_{i=1}^{n} pq = npq.$$

例 3.30　已知随机变量 X_1, X_2, X_3 相互独立，且

$$X_1 \sim U(0, 6), \quad X_2 \sim N(1, 3), \quad X_3 \sim E(3).$$

求 $Y = X_1 - 2X_2 + 3X_3$ 的数学期望和方差．

解 $EY = EX_1 - 2EX_2 + 3EX_3 = 3 - 2 \times 1 + 3 \times \dfrac{1}{3} = 2,$

$DY = DX_1 + 4DX_2 + 9DX_3 = \dfrac{6^2}{12} + 4 \times 3 + 9 \times \dfrac{1}{9} = 16.$

3.5.3 协方差

对于二维随机向量 (X, Y),我们除了讨论随机变量 X 与 Y 的数学期望和方差之外,还要给出一个描述 X 与 Y 之间相互关系的数字特征.由性质 2 知:若随机变量 X 与 Y 相互独立,则有 $E(X - EX)(Y - EY) = 0$.反之,若

$$E(X - EX)(Y - EY) \neq 0,$$

则表明 X 与 Y 不相互独立,而具有一定的关系.于是给出下述定义.

1. 协方差的定义

定义 3.10 设 (X, Y) 是二维随机向量,若 $E[(X - EX)(Y - EY)]$ 存在,则称此数学期望为 X 与 Y 的协方差,并记为

$$\mathrm{Cov}(X, Y) = E[(X - EX)(Y - EY)],$$

特别有 $\mathrm{Cov}(X, X) = DX$.

由定理 3.7 可得协方差的计算如下:

(1) 离散型随机变量 $\mathrm{Cov}(X, Y) = \sum\limits_{i} \sum\limits_{j} (x_i - EX)(y_j - EY) p_{ij}$,其中

$$p_{ij} = P(X = x_i, Y = y_j) \quad (i, j = 1, 2, \cdots).$$

(2) 连续型随机变量 $\mathrm{Cov}(X, Y) = \displaystyle\int_{-\infty}^{+\infty} \int_{-\infty}^{+\infty} (x - EX)(y - EY) p(x, y)\mathrm{d}x\mathrm{d}y.$

2. 协方差的性质

性质 1 $\mathrm{Cov}(X, Y) = EXY - EXEY.$

证明 由协方差的定义可知:

$$\begin{aligned}
\mathrm{Cov}(X, Y) &= E(X - EX)(Y - EY) \\
&= E(XY - XEY - YEX + EXEY) \\
&= EXY - EXEY - EYEX + EXEY \\
&= EXY - EXEY.
\end{aligned}$$

性质 2 若随机变量 X 与 Y 相互独立,则 $\mathrm{Cov}(X, Y) = 0$.

证明 若随机变量 X 与 Y 相互独立,则有

$$EXY = EXEY,$$

于是,$\mathrm{Cov}(X, Y) = EXY - EXEY = 0$.

性质 3 对任意二维随机向量 (X, Y),有

$$D(X \pm Y) = DX + DY \pm 2\mathrm{Cov}(X, Y).$$

证明 根据方差的定义

$$D(X \pm Y) = E[(X \pm Y) - E(X \pm Y)]^2$$
$$= E[(X - EX) \pm (Y - EY)]^2$$
$$= E(X - EX)^2 + E(Y - EY)^2 \pm 2E(X - EX)(Y - EY)$$
$$= DX + DY \pm 2\text{Cov}(X, Y).$$

该性质可以推广到更多个随机变量场合,即对任意 n 个随机变量 $X_1, X_2, \cdots,$ X_n,有

$$D\left(\sum_{i=1}^{n} X_i\right) = \sum_{i=1}^{n} DX_i + 2\sum_{i=1}^{n}\sum_{j=1}^{i-1} \text{Cov}(X_i, X_j).$$

下面的性质可由协方差的定义直接推得.

性质 4 协方差 $\text{Cov}(X, Y)$ 的计算与 X, Y 的次序无关,即

$$\text{Cov}(X, Y) = \text{Cov}(Y, X).$$

性质 5 任意随机变量 X 与常数 a 的协方差为零,即 $\text{Cov}(X, a) = 0$.

性质 6 对任意常数 a, b 有 $\text{Cov}(aX, bY) = ab\text{Cov}(X, Y)$.

性质 7 设 X, Y, Z 是任意三个随机变量,则

$$\text{Cov}(X + Y, Z) = \text{Cov}(X, Z) + \text{Cov}(Y, Z).$$

例 3.31 设二维随机向量 (X, Y) 的联合密度函数为

$$p(x, y) = \begin{cases} 3x, & 0 < y < x < 1, \\ 0, & \text{其他}, \end{cases}$$

试求 $\text{Cov}(X, Y)$.

解 由于

$$EX = \int_0^1 \int_0^x x \cdot 3x \,\mathrm{d}y\mathrm{d}x = \int_0^1 3x^3 \,\mathrm{d}x = \frac{3}{4},$$

$$EY = \int_0^1 \int_0^x y \cdot 3x \,\mathrm{d}y\mathrm{d}x = \int_0^1 \frac{3x^3}{2} \,\mathrm{d}x = \frac{3}{8},$$

$$EXY = \int_0^1 \int_0^x xy \cdot 3x \,\mathrm{d}y\mathrm{d}x = \int_0^1 \frac{3x^4}{2} \,\mathrm{d}x = \frac{3}{10}.$$

因此我们得

$$\text{Cov}(X, Y) = \frac{3}{10} - \frac{3}{4} \times \frac{3}{8} = \frac{3}{160} > 0.$$

由此我们还可以得结论:X 与 Y 不相互独立.

3.5.4 相关系数

1. 相关系数的概念

由协方差的性质 6 知,协方差取值的大小要受到量纲的影响,为了消除量纲对协方差值的影响,我们把 X, Y 标准化后再求协方差.

$$X^* = \frac{X - EX}{\sqrt{DX}}, \quad Y^* = \frac{Y - EY}{\sqrt{DY}}.$$

$$\begin{aligned}
\mathrm{Cov}(X^*, Y^*) &= E\{[X^* - E(X^*)][Y^* - E(Y^*)]\} \\
&= E(X^* Y^*) = E\left[\frac{X - EX}{\sqrt{DX}} \frac{Y - EY}{\sqrt{DY}}\right] \\
&= \frac{E[(X - EX)(Y - EY)]}{\sqrt{DX}\sqrt{DY}} = \frac{\mathrm{Cov}(X, Y)}{\sqrt{DX}\sqrt{DY}}.
\end{aligned}$$

定义 3.11　设 (X, Y) 是二维随机向量,且 $DX > 0, DY > 0$.则称

$$\rho_{X,Y} = \frac{\mathrm{Cov}(X, Y)}{\sqrt{DX}\sqrt{DY}} = \frac{\mathrm{Cov}(X, Y)}{\sigma_X \sigma_Y}$$

为 X 与 Y 的(线性)相关系数.

结合上面的论述,相关系数的另一个解释是:它是相应标准化变量的协方差.

例 3.32　二维正态分布 $N(\mu_1, \mu_2, \sigma_1^2, \sigma_2^2, \rho)$ 相关系数就是 ρ.

证明　显然,我们有

$$E(X) = \mu_1, \quad DX = \sigma_1^2, \quad EY = \mu_2, \quad DY = \sigma_2^2.$$

由于

$$\begin{aligned}
p(x, y) = \frac{1}{2\pi\sigma_1\sigma_2\sqrt{1-\rho^2}}\exp\Bigg\{&-\frac{1}{2(1-\rho^2)}\Bigg[\frac{(x-\mu_1)^2}{\sigma_1^2} \\
&-\frac{2\rho(x-\mu_1)(y-\mu_2)}{\sigma_1\sigma_2} + \frac{(y-\mu_2)^2}{\sigma_2^2}\Bigg]\Bigg\},
\end{aligned}$$

令 $s = \dfrac{x - \mu_1}{\sigma_1}, t = \dfrac{y - \mu_2}{\sigma_2}$,则

$$\begin{aligned}
\mathrm{Cov}(X, Y) &= \int_{-\infty}^{\infty}\int_{-\infty}^{\infty} (x - \mu_1)(y - \mu_2)p(x, y)\mathrm{d}x\mathrm{d}y \\
&= \frac{1}{2\pi\sigma_1\sigma_2\sqrt{1-\rho^2}}\int_{-\infty}^{\infty}\int_{-\infty}^{\infty} \sigma_1\sigma_2 st\, \mathrm{e}^{-\frac{1}{2(1-\rho)^2}(s^2 - 2\rho st + t^2)}\sigma_1\sigma_2\mathrm{d}s\mathrm{d}t \\
&= \frac{\sigma_1\sigma_2}{\sqrt{2\pi}}\int_{-\infty}^{\infty} t\mathrm{e}^{-\frac{t^2}{2}}\left[\int_{-\infty}^{\infty} \frac{s}{\sqrt{2\pi}\sqrt{1-\rho^2}}\mathrm{e}^{-\frac{(s-\rho t)^2}{2(1-\rho^2)}}\mathrm{d}s\right]\mathrm{d}t \\
&= \sigma_1\sigma_2\int_{-\infty}^{\infty} \frac{1}{\sqrt{2\pi}} t\mathrm{e}^{-\frac{t^2}{2}}(\rho t)\mathrm{d}t \\
&= \rho\sigma_1\sigma_2\int_{-\infty}^{\infty} \frac{1}{\sqrt{2\pi}} t^2\mathrm{e}^{-\frac{t^2}{2}}\mathrm{d}t \\
&= \rho\sigma_1\sigma_2.
\end{aligned}$$

注意到,这里第四个等式运用了正态分布 $N(\rho t, 1 - \rho^2)$ 的数学期望,最后一个等号运用了标准正态分布 $N(0, 1)$ 的二阶矩.则

$$\rho_{xy} = \frac{\text{Cov}(X,Y)}{\sqrt{DX} \cdot \sqrt{DY}} = \frac{\rho \sigma_1 \sigma_2}{\sigma_1 \sigma_2} = \rho.$$

2. 相关系数的性质

性质 1　$|\rho_{X,Y}| \leqslant 1$.

证明　由

$$\begin{aligned}
D(X^* \pm Y^*) &= D(X^*) + D(Y^*) \pm 2\text{Cov}(X^*, Y^*) \\
&= 1 + 1 \pm 2\text{Cov}(X^*, Y^*) \\
&= 2(1 \pm \rho_{XY}) \geqslant 0,
\end{aligned}$$

得

$$1 \pm \rho_{XY} \geqslant 0,$$

即

$$|\rho_{XY}| \leqslant 1.$$

定义 3.12　当 $\rho_{X,Y} = 0$ 时,称 X 与 Y 不相关;当 $-1 \leqslant \rho_{X,Y} < 0$ 时,称 X 与 Y 负相关;当 $0 < \rho_{X,Y} \leqslant 1$ 时,称 X 与 Y 正相关.

易见,若 DX, DY 存在,则下列表述等价:

(1) $\text{Cov}(X, Y) = 0$;　　　　　(2) $EXY = EXEY$;

(3) $D(X + Y) = DX + DY$;　　(4) X 与 Y 不相关.

定义 3.13　若 $\rho_{X,Y} = 1$,则称 X 与 Y 完全正相关;若 $\rho_{X,Y} = -1$,则称 X 与 Y 完全负相关.

性质 2　$\rho_{X,Y} = \pm 1$ 的充要条件是 X 与 Y 间几乎处处有线性关系,即存在 $a(\neq 0)$ 与 b,使得 $P(Y = aX + b) = 1$.其中当 $\rho_{X,Y} = 1$ 时,有 $a > 0$;当 $\rho_{X,Y} = -1$ 时,有 $a < 0$.

证明　(1) 设 $Y = aX + b$,我们证明 $\rho_{X,Y} = \pm 1$.因为 $EY = aEX + b$,$DY = a^2 DX$,于是有

$$\begin{aligned}
\text{Cov}(X, Y) &= E[(X - EX)(aX + b - aEX - b)] \\
&= aE[(X - EX)]^2 = aDX.
\end{aligned}$$

故

$$\rho_{XY} = \frac{aDX}{\sqrt{DX}\sqrt{a^2 DX}} = \frac{a}{|a|}.$$

所以,当 $a > 0$ 时,$\rho_{XY} = 1$;当 $a < 0$ 时,$\rho_{XY} = -1$.

(2) 设 $\rho_{XY} = \pm 1$,证明 X 与 Y 之间存在线性关系.

由于当 $\rho_{XY} = \pm 1$ 时,$D(X^* \mp Y^*) = 0$.

这表明,随机变量 $X^* \mp Y^*$ 以等于 1 的概率取它的数学期望,所以当 $\rho_{XY} = \pm 1$ 时,有 $X^* \mp Y^* = 0$.即 $\dfrac{X - EX}{\sqrt{DX}} \mp \dfrac{Y - EY}{\sqrt{DY}} = 0$.由此得

$$Y = aX + b,$$

其中 $a = \pm \dfrac{\sqrt{DY}}{\sqrt{DX}}, b = EY \mp \dfrac{\sqrt{DY}}{\sqrt{DX}} EX.$

由相关系数的性质可见:

(1) 相关系数 $\rho_{X,Y}$ 刻画了 X 与 Y 之间的线性关系,因此也常称其为"线性相关系数".

(2) X 与 Y 独立意味着 X 与 Y 之间无任何关系,当然也无线性关系;不相关是指 X 与 Y 之间没有线性关系,但 X 与 Y 之间可能有其他的关系.譬如平方关系,对数关系等.即

$$X \text{ 与 } Y \text{ 独立} \Rightarrow \rho_{X,Y} = 0. \text{ 反之不成立.}$$

例 3.33　若 $X \sim N(0,1), Y = X^2$,问 X 与 Y 是否不相关?

解　因为 $X \sim N(0,1)$,密度函数 $p(x) = \dfrac{1}{\sqrt{2\pi}} \mathrm{e}^{-\frac{x^2}{2}}$ 为偶函数,所以 $EX = EX^3 = 0.$ 于是由 $\mathrm{Cov}(X,Y) = EXY - EXEY = EX^3 - EXEX^2 = 0$,得

$$\rho_{XY} = \frac{\mathrm{Cov}(X,Y)}{\sqrt{DX}\sqrt{DY}} = 0.$$

这说明 X 与 Y 是不相关的,但 $Y = X^2$,显然,X 与 Y 是不相互独立的.

性质 3　设 $(X,Y) \sim N(\mu_1, \mu_2, \sigma_1^2, \sigma_2^2, \rho)$,则 X, Y 相互独立与不相关是等价的.

证明　结合例 3.12 和例 3.32 知对于二维正态分布 (X,Y),随机变量 X, Y 相互独立 $\Leftrightarrow \rho = 0$,即 X, Y 相互独立与不相关是等价的.

例 3.34　已知 $DX = DY = 1$,且 X 与 Y 不相关,令 $X_1 = \alpha X + \beta Y, X_2 = \alpha X - \beta Y (\alpha^2 + \beta^2 > 0)$,求 ρ_{X_1, X_2}.

解　因为 X 与 Y 不相关,所以 αX 与 βY 也不相关,从而
$D(\alpha X + \beta Y) = D(\alpha X) + D(\beta Y) = \alpha^2 + \beta^2,$
$D(\alpha X - \beta Y) = D(\alpha X) + D(-\beta Y) = \alpha^2 + \beta^2,$
$\mathrm{Cov}(\alpha X + \beta Y, \alpha X - \beta Y)$
$\quad = \alpha^2 \mathrm{Cov}(X,X) - \alpha\beta\mathrm{Cov}(X,Y) + \alpha\beta\mathrm{Cov}(Y,X) - \beta^2 \mathrm{Cov}(Y,Y)$
$\quad = \alpha^2 - \beta^2,$
故

$$\rho_{X_1, X_2} = \frac{\mathrm{Cov}(X_1, X_2)}{\sqrt{DX_1}\sqrt{DX_2}} = \frac{\alpha^2 - \beta^2}{\alpha^2 + \beta^2}.$$

习　题　3

1. 设二维随机向量 (X,Y) 的联合分布函数为 $F(x,y)$,试用 $F(x,y)$ 表示下列各概率:

(1) $P(a \leqslant X < b, c < Y \leqslant d)$; (2) $P(a < X \leqslant b, Y \leqslant y)$;

(3) $P(X = a, Y \leqslant y)$; (4) $P(X \leqslant x)$.

2. 从 10 件一等品、7 件二等品和 5 件三等品中随机取 4 件,以 X 与 Y 分别表示其中一等品和二等品的件数,试写出 (X,Y) 的联合分布列.

3. 抛掷三次均匀的硬币,以 X 表示出现正面的次数,以 Y 表示正面出现次数与反面出现次数之差的绝对值,求 (X,Y) 的联合分布列及边缘分布列.

4. 设 (X,Y) 的密度函数为

$$p(x,y) = \begin{cases} \dfrac{1}{2}, & 0 \leqslant x \leqslant 1, 0 \leqslant y \leqslant 2, \\ 0, & \text{其他}, \end{cases}$$

求 X 与 Y 至少有一个小于 $1/2$ 的概率.

5. 设二维随机向量 (X,Y) 的密度函数为

$$p(x,y) = \begin{cases} k\mathrm{e}^{-3x-4y}, & x > 0, y > 0, \\ 0, & \text{其他}, \end{cases}$$

求:(1) 常数 k; (2) 分布函数 $F(x,y)$; (3) $P(0 < X < 1, 0 < Y < 2)$.

6. 设二维随机向量 (X,Y) 的联合密度函数为

$$p(x,y) = \begin{cases} \mathrm{e}^{-y}, & 0 < x < y, \\ 0, & \text{其他}, \end{cases}$$

试求 $P(X + Y \leqslant 1)$.

7. 已知联合分布密度

$$p(x,y) = \begin{cases} \dfrac{3}{32}xy, & 0 \leqslant x \leqslant 4, 0 \leqslant y \leqslant \sqrt{x}, \\ 0, & \text{其他}, \end{cases}$$

求 X, Y 的边缘密度函数.

8. 设随机变量 X 与 Y 独立,且 $P(X = 1) = P(Y = 1) = p > 0$,又 $P(X = 0) = P(Y = 0) = 1 - p > 0$,定义 $Z = 1$,若 $X + Y$ 为偶数;$Z = 0$,若 $X + Y$ 为奇数.问 p 取什么值时 X 与 Z 独立?

9. 已知随机变量 X 和 Y 的概率分布

$$X \sim \begin{pmatrix} -1 & 0 & 1 \\ \dfrac{1}{4} & \dfrac{1}{2} & \dfrac{1}{4} \end{pmatrix}, \quad Y \sim \begin{pmatrix} 0 & 1 & \dfrac{1}{2} \end{pmatrix},$$

而且 $P(XY = 0) = 1$.

(1) 求 X 和 Y 的联合分布列;

(2) 问 X 和 Y 是否独立,为什么?

10. 设 (X, Y) 的密度函数为

$$p(x, y) = \begin{cases} e^{-y}, & x > 0, y > x, \\ 0, & \text{其他}, \end{cases}$$

试求:(1) X, Y 的边缘密度函数,并判别其独立性;

(2) (X, Y) 的条件分布密度;

(3) $P(X > 2 \mid Y < 4)$.

11. 设随机变量相互独立,分别服从参数为 λ 的泊松分布,试证:

$$P(X = k \mid X + Y = n) = C_n^k \left(\frac{\lambda_1}{\lambda_1 + \lambda_2} \right)^k \left(1 - \frac{\lambda_1}{\lambda_1 + \lambda_2} \right)^{n-k}.$$

12. 设二维随机变量的联合密度函数为

$$p(x, y) = \begin{cases} 1, & |y| \leqslant x, 0 < x < 1, \\ 0, & \text{其他}, \end{cases}$$

求条件密度函数 $p(x \mid y)$.

13. 设 X 和 Y 是两个相互独立的随机变量,其概率密度分别为

$$p_X(x) = \begin{cases} 1, & 0 \leqslant x \leqslant 1, \\ 0, & \text{其他}, \end{cases} \qquad p_Y(y) = \begin{cases} e^{-y}, & y > 0, \\ 0, & y \leqslant 0, \end{cases}$$

试求随机变量 $Z = X + Y$ 的概率密度.

14. 设随机变量 X 与 Y 的联合分布是正方形 $G = \{(x, y) \mid 1 \leqslant x \leqslant 3, 1 \leqslant y \leqslant 3\}$ 上的均匀分布,试求随机变量 $U = |X - Y|$ 的密度函数 $p_U(u)$.

15. 设随机变量 X 与 Y 独立同分布,其密度函数为

$$p(x) = \begin{cases} e^{-x}, & x > 0, \\ 0, & x \leqslant 0. \end{cases}$$

(1) 求 $U = X + Y$ 与 $V = \dfrac{X}{X + Y}$ 的联合密度函数 $p_{U, V}(u, v)$;

(2) 问 U 与 V 是否独立?

16. 设 (X, Y) 的密度函数为

$$p(x, y) = \begin{cases} x e^{-x(1+y)}, & x > 0, y > 0, \\ 0, & \text{其他}, \end{cases}$$

求 $Z = XY$ 的密度函数.

17. 设 X 与 Y 独立,同具有参数 $\lambda = 1$ 的指数分布,求 $Z = \dfrac{X}{Y}$ 的密度函数.

18. 设随机变量的联合密度函数为

$$p(x, y) = \begin{cases} 1, & |x| < y, 0 < y < 1, \\ 0, & \text{其他}. \end{cases}$$

(1) 求 X 与 Y 的边缘密度函数 $p_X(x)$ 和 $p_Y(y)$; (2) X 与 Y 是否独立?

19. 设随机向量 (X, Y) 的分布列如表 3.11.

试求:(1) $\text{Cov}(X, Y)$; (2) ρ_{XY}.

表 3.11

X \ Y	−1	0	1
0	1/6	1/3	1/6
1	1/6	0	1/6

20. 设 (X, Y) 的密度函数为

$$p(x, y) = \begin{cases} 2 - x - y, & 0 < x < 1, 0 < y < 1, \\ 0, & \text{其他}, \end{cases}$$

求 ρ_{XY}.

21. 设二维随机向量 (X, Y) 的概率密度为

$$p(x, y) = \begin{cases} \dfrac{1}{\pi}, & x^2 + y^2 \leqslant 1, \\ 0, & \text{其他}, \end{cases}$$

试验证 X 和 Y 是不相关的,但 X 和 Y 不是相互独立的.

22. 设随机向量 (X, Y) 具有密度函数

$$p(x, y) = \begin{cases} \dfrac{1}{8}(x + y), & 0 \leqslant x \leqslant 2, 0 \leqslant y \leqslant 2, \\ 0, & \text{其他}, \end{cases}$$

求: $E(X), E(Y), \mathrm{Cov}(X, Y), \rho_{XY}, D(X + Y)$.

23. 已知 $X \sim N(1, 3^2), Y \sim N(0, 4^2), \rho_{XY} = -\dfrac{1}{2}$,设随机变量 $Z = \dfrac{X}{3} + \dfrac{Y}{2}$,求:(1) $E(Z)$ 和 $D(Z)$; (2) X 与 Z 的相关系数 ρ_{XZ}.

24. 假设二维随机向量 (X, Y) 在矩形 $G = \{(x, y) \mid 0 \leqslant x \leqslant 2, 0 \leqslant y \leqslant 1\}$ 上服从均匀分布,记

$$U = \begin{cases} 0, & X \leqslant Y, \\ 1, & X > Y, \end{cases} \qquad V = \begin{cases} 0, & X \leqslant 2Y, \\ 1, & X > 2Y, \end{cases}$$

求:(1) U 和 V 联合分布列; (2) U 和 V 的相关系数 ρ.

25. 设随机变量的分布列如表 3.12.

表 3.12

Y \ X	0	1	2
0	1/8	1/4	0
1	1/8	1/4	1/4

试求:(1) $P(X = 1 \mid Y = 0)$; (2) 在 $Y = 1$ 的条件下,X 的条件分布列; (3) $Z_1 = \max\{X, Y\}$ 和 $Z_2 = \min\{X, Y\}$ 的分布列; (4) $W = X + Y$ 的分布列.

第4章　极限定理

极限定理是概率论中最重要的理论成果之一.随机现象的统计规律性只有在对大量随机现象的考察中才能显现出来,为了研究"大量"的随机现象,常常采用极限方法,这导致研究极限定理.本章主要介绍独立随机变量列的极限理论,内容包括大数定律和中心极限定理.

4.1　大数定律

4.1.1　大数定律的意义

讨论变量的极限性质是数学分析的基本课题之一,也是高等数学与初等数学的分水岭.所以,讨论随机变量的极限性质或收敛性,从数学上来说理所当然要成为概率论的一个重要课题.事实上并不只是理论上需要讨论这个问题.在概率论发展的初期,要求概率论解决的许多问题就已经涉及了随机变量及其分布的收敛问题.

在第1章讨论概率的统计定义时,我们曾从直观上指出:一个随机事件 A 在一次观察中可能发生,也可能不发生,但在大量重复试验中,事件 A 发生的频率具有稳定性;又如,从统计物理学的观点来看,气体是由不断运动的大量质点组成的.对每个质点而言,它的速度大小是随机的,但是大量质点的平均速度,宏观表现为温度、压力等,却是相当稳定的,凡断定随机变量列的算术平均稳定于一常数(或常数列)的一类定理通称为**大数定律**,或者说,大数定律是论述随机变量列组成的事件的概率接近于 1 或 0 的规律的一类定理.

定义 4.1　设 $X_1, X_2, \cdots$ 为一列随机变量,如果存在常数列 $\alpha_1, \alpha_2, \cdots$,使得对任意常数 $\varepsilon > 0$,都有

$$\lim_{n \to \infty} P\left(\left| \frac{1}{n} \sum_{k=1}^{n} X_k - \alpha_n \right| < \varepsilon \right) = 1,$$

或等价地

$$\lim_{n \to \infty} P\left(\left| \frac{1}{n} \sum_{k=1}^{n} X_k - \alpha_n \right| \geqslant \varepsilon \right) = 0,$$

则称随机变量列 $\{X_n\}$ 服从**大数定律**.

若随机变量 X_n 的期望 EX_n 存在 $(n = 1, 2, \cdots)$,取 $\alpha_n = \frac{1}{n} \sum_{k=1}^{n} EX_k$,得到大数定律的经典形式:对任意常数 $\varepsilon > 0$,都有

$$\lim_{n \to \infty} P\left(\left| \frac{1}{n} \sum_{k=1}^{n} X_k - \frac{1}{n} \sum_{k=1}^{n} EX_k \right| < \varepsilon \right) = 1,$$

或等价地

$$\lim_{n \to \infty} P\left(\left| \frac{1}{n} \sum_{k=1}^{n} X_k - \frac{1}{n} \sum_{k=1}^{n} EX_k \right| \geqslant \varepsilon \right) = 0.$$

本书只讨论经典形式的大数定律.

4.1.2　大数定律

本段介绍一组大数定律. 设 $X_1, X_2, \cdots$ 为一列随机变量,总假设数学期望 $EX_n (n = 1, 2, \cdots)$ 存在.

定理 4.1（切比雪夫大数定律）　设 $\{X_n\}$ 为独立随机变量列,若存在常数 C,使 $DX_k \leqslant C (k = 1, 2, \cdots)$,则 $\{X_n\}$ 服从大数定律.

证明　对任意 $\varepsilon > 0$,由切比雪夫不等式得

$$P\left(\left| \frac{1}{n} \sum_{k=1}^{n} X_k - \frac{1}{n} \sum_{k=1}^{n} EX_k \right| \geqslant \varepsilon \right) = P\left(\left| \frac{1}{n} \sum_{k=1}^{n} X_k - E\left(\frac{1}{n} \sum_{k=1}^{n} X_k \right) \right| \geqslant \varepsilon \right)$$

$$\leqslant \frac{D\left(\frac{1}{n} \sum_{k=1}^{n} X_k \right)}{\varepsilon^2} = \frac{D\left(\sum_{k=1}^{n} X_k \right)}{n^2 \varepsilon^2};$$

又 $\{X_n\}$ 独立,$DX_k \leqslant C$,所以,$D\left(\sum_{k=1}^{n} EX_k \right) = \sum_{k=1}^{n} DX_k \leqslant nC$,故

$$0 \leqslant P\left(\left| \frac{1}{n} \sum_{k=1}^{n} X_k - \frac{1}{n} \sum_{k=1}^{n} EX_k \right| \geqslant \varepsilon \right) \leqslant \frac{nC}{n^2 \varepsilon^2} = \frac{C}{n \varepsilon^2},$$

也即

$$\lim_{n \to \infty} P\left(\left| \frac{1}{n} \sum_{k=1}^{n} X_k - \frac{1}{n} \sum_{k=1}^{n} EX_k \right| \geqslant \varepsilon \right) = 0,$$

所以 $\{X_n\}$ 服从大数定律.

定理 4.2（伯努利大数定律）　设 μ_n 表示 n 重伯努利试验中事件 A 出现的次数,$P(A) = p > 0$,则对任意 $\varepsilon > 0$,

$$\lim_{n \to \infty} P\left(\left| \frac{\mu_n}{n} - p \right| < \varepsilon \right) = 1.$$

证明　令

$$X_k = \begin{cases} 1, & \text{第 } k \text{ 次试验中事件 } A \text{ 出现}, \\ 0, & \text{第 } k \text{ 次试验中事件 } A \text{ 不出现}, \end{cases} \quad (k = 1, 2, \cdots),$$

显然 $\mu_n = \sum_{k=1}^{n} X_k$，由假设知 $\{X_n\}$ 独立，且

$$X_k \sim \begin{pmatrix} 0 & 1 \\ 1-p & p \end{pmatrix} \quad (k = 1, 2, \cdots),$$

从而 $EX_k = p, DX_k = p(1-p) \leqslant \dfrac{1}{4}(k = 1, 2, \cdots)$，由定理 4.1 得

$$\lim_{n \to \infty} P\left(\left| \frac{\mu_n}{n} - p \right| < \varepsilon \right) = \lim_{n \to \infty} P\left(\left| \frac{1}{n}\sum_{k=1}^{n} X_k - \frac{1}{n}\sum_{k=1}^{n} EX_k \right| < \varepsilon \right) = 1.$$

定理 4.3［**辛钦(Khinchine) 大数定律**］　设 $\{X_n\}$ 独立分布，且 $EX_n = a$，则有

$$\lim_{n \to \infty} P\left(\left| \frac{1}{n}\sum_{k=1}^{n} X_k - a \right| < \varepsilon \right) = 1,$$

即 $\{X_n\}$ 服从大数定律.

例 4.1　设 $\{X_n\}$ 独立同分布，其共同密度函数为

$$p(x) = \begin{cases} \dfrac{1+\delta}{x^{2+\delta}}, & x > 1, \\ 0, & x \leqslant 1, \end{cases} \quad 0 < \delta \leqslant 1,$$

证明 $\{X_n\}$ 服从大数定律.

证明

$$EX_1 = \int_{-\infty}^{+\infty} x p(x) \mathrm{d}x = (1+\delta) \int_{1}^{\infty} x \cdot \frac{1}{x^{2+\delta}} \mathrm{d}x$$

$$= \frac{1+\delta}{\delta} < +\infty,$$

由辛钦大数定律知，对任意 $\varepsilon > 0$，有

$$\lim_{n \to \infty} P\left(\left| \frac{1}{n}\sum_{k=1}^{n} X_k - \frac{1+\delta}{\delta} \right| < \varepsilon \right) = 1,$$

即 $\{X_n\}$ 服从大数定律.

例 4.2　$\{X_n\}$ 独立同分布，且 EX_n^k 存在($n = 1, 2, \cdots$)，则 $\{X_n^k\}$ 也服从大数定律.

证明　$\{X_n\}$ 独立同分布，所以 $\{X_n^k\}$ 也独立同分布；又 EX_n^k 存在，故由辛钦大数定律知 $\{X_n^k\}$ 服从大数定律.

例 4.2 是统计学中矩估计法的理论依据.

4.2　中心极限定理

4.2.1　中心极限定理的提出

现实世界中的很多随机变量都服从或近似服从正态分布,为什么会是这样呢?以测量误差为例,大量的观察表明,测量误差是由众多的相互独立的因素造成的,每一因素引起的误差为一随机变量 $X_i(i = 1, 2, \cdots)$,总的误差就是每个因素引起的误差的叠加,这样要研究误差的分布就归结为研究随机变量和 $\sum\limits_{k=1}^{n} X_k$,当 n 趋于无穷时的极限分布,在具体问题中,独立随机变量和的分布受问题中不同的尺度影响.为了消除这种影响,中心极限定理的一般提法是:设 $\{X_n\}$ 独立,假设 EX_k,DX_k 存在,令

$$Y_n = \frac{\sum\limits_{k=1}^{n} X_k - \sum\limits_{k=1}^{n} EX_k}{\sqrt{\sum\limits_{k=1}^{n} DX_k}},$$

称其为 $\{X_n\}$ 的**前 n 项和规范和**,简称为**规范和**.那么,当 $\{X_n\}$ 满足什么条件时,有

$$\lim_{n \to \infty} P(Y_n \leqslant x) = \Phi(x) = \frac{1}{\sqrt{2\pi}} \int_{-\infty}^{x} e^{-\frac{t^2}{2}} dt \quad (x \in \mathbf{R}).$$

如果随机变量列 $\{X_n\}$ 的规范和的极限分布是标准正态分布,就称 $\{X_n\}$ **服从中心极限定理**.

4.2.2　中心极限定理

下面介绍一些著名的中心极限定理.

定理 4.4［林德伯格-列维（**Lindeberg-lévy**）定理］　设 $\{X_n\}$ 是独立同分布的随机变量列,且 $EX_n = a$,$DX_n = \sigma^2 > 0$,则 $\{X_n\}$ 服从中心极限定理,即对任意实数 x,有

$$\lim_{n \to \infty} P\left(\frac{\sum\limits_{k=1}^{n} X_k - na}{\sqrt{n}\sigma} \leqslant x \right) = \frac{1}{\sqrt{2\pi}} \int_{-\infty}^{x} e^{-\frac{t^2}{2}} dt = \Phi(x).$$

这就是说,均值为 a,方差为 σ^2 的独立同分布的随机变量列 $X_1, X_2, \cdots, X_n$ 之和 $\sum\limits_{k=1}^{n} X_k$ 的标准化随机变量,当 n 充分大时,有

$$\frac{\sum_{k=1}^{n} X_k - na}{\sqrt{n}\sigma} \overset{\text{近似地}}{\sim} N(0,1),$$

一般情况下,很难求出 n 个随机变量之和 $\sum_{k=1}^{n} X_k$ 的分布,而林德伯格 – 列维 (Lindeberg – Lévy)定理表明,当 n 充分大时,可以通过 $\Phi(x)$ 给出其近似的分布. 这样就可以利用正态分布对 $\sum_{k=1}^{n} X_k$ 作理论分析和实际计算,其好处是十分明显的.

下面介绍棣莫弗-拉普拉斯(De Moiver – Lapace)定理,它是定理 4.4 的特殊情况.

定理 4.5 ［棣莫弗-拉普拉斯(De Moiver – Lapace) 定理］　设 μ_n 是 n 重伯努利试验中事件 A 出现的次数,$P(A) = p > 0$,则对任意实数 x,有

$$\lim_{n \to \infty} P\left(\frac{\mu_n - np}{\sqrt{npq}} \leqslant x\right) = \frac{1}{\sqrt{2\pi}} \int_{-\infty}^{x} e^{-\frac{t^2}{2}} dt.$$

证明　令

$$X_k = \begin{cases} 1, & \text{第 } k \text{ 次试验中} A \text{ 发生}, \\ 0, & \text{第 } k \text{ 次试验中} A \text{ 不发生}, \end{cases}$$

则 $\{X_n\}$ 独立同分布,其共同分布列为

$$\begin{pmatrix} 0 & 1 \\ q & p \end{pmatrix}, \quad q = 1 - p,$$

$EX_n = p, DX_n = pq$,显然 $\mu_n = \sum_{k=1}^{n} X_k$,从而由定理 4.4 得

$$P\left(\frac{\mu_n - np}{\sqrt{npq}} \leqslant x\right) = p\left(\frac{\sum_{k=1}^{n} X_k - np}{\sqrt{npq}} \leqslant x\right) \to \Phi(x) \quad (n \to \infty).$$

棣莫弗-拉普拉斯积分极限定理是历史上概率论的第一个中心极限定理,它有许多应用.

1. 二项分布的近似计算

当 n 很大,p 较小,np 适中时,可用泊松分布来近似计算二项分布,由定理 4.5 知,只要 n 很大,就可以利用正态分布近似计算二项分布,事实上,当 n 很大,$X \sim B(n,p)$,有

$$P(k_1 < X < k_2) = P(k_1 < \mu_n \leqslant k_2)$$

$$= P\left(\frac{k_1 - np}{\sqrt{npq}} < \frac{\mu_n - np}{\sqrt{npq}} \leqslant \frac{k_2 - np}{\sqrt{npq}}\right)$$

$$\approx \Phi\left(\frac{k_2 - np}{\sqrt{npq}}\right) - \Phi\left(\frac{k_1 - np}{\sqrt{npq}}\right).$$

例 4.3 已知红黄两种番茄杂交的第二代中红与黄的比率为 $3:1$. 现种植杂交种 400 株, 试求黄植株介于 83 到 117 之间的概率.

解 A 表示"结黄果"事件, 由题设 $P(A) = 1/4$, 以 μ_{400} 表示 400 株杂植株中结黄的株数, 则 $\mu_{400} \sim B(400, 1/4)$, 从而所求概率为

$$P(83 \leqslant \mu_{400} \leqslant 117) \approx \Phi\left(\frac{117 - 400 \times \dfrac{1}{4}}{\sqrt{400 \times \dfrac{1}{4} \times \dfrac{3}{4}}}\right) - \Phi\left(\frac{83 - 400 \times \dfrac{1}{4}}{\sqrt{400 \times \dfrac{1}{4} \times \dfrac{3}{4}}}\right)$$

$$= \Phi(1.96) - \Phi(-1.96) = 2\Phi(1.96) - 1 \approx 0.95.$$

2. 用频率估算概率的误差估计

在伯努利试验中, $P(A) = p$, μ_n 表示在 n 次试验中 A 出现的次数, 则 μ_n/n 为 A 的频率. 由定理 4.5 知, 当 n 很大时, 有

$$P\left(\left|\frac{\mu_n}{n} - p\right| < \varepsilon\right) = P\left(-\varepsilon\sqrt{\frac{n}{pq}} < \frac{\mu_n - np}{\sqrt{npq}} < \varepsilon\sqrt{\frac{n}{pq}}\right)$$

$$\approx \Phi\left(\varepsilon\sqrt{\frac{n}{pq}}\right) - \Phi\left(-\varepsilon\sqrt{\frac{n}{pq}}\right) = 2\Phi\left(\varepsilon\sqrt{\frac{n}{pq}}\right) - 1.$$

例 4.4 重复掷一枚有偏硬币, 每次试验中出现正面的概率为 p, 试问要至少掷多少次才能使出现正面的频率与 p 相差不超过 $1/100$ 的概率达到 95% 以上?

解 依题意要估计 n, 使

$$P\left(\left|\frac{\mu_n}{n} - p\right| \leqslant \frac{1}{100}\right) \geqslant 0.95,$$

由定理 4.5 知

$$P\left(\left|\frac{\mu_n}{n} - p\right| < \frac{1}{100}\right) \approx 2\Phi\left(0.01\sqrt{\frac{n}{pq}}\right) - 1,$$

于是近似地有

$$2\Phi\left(0.01\sqrt{\frac{n}{pq}}\right) - 1 \geqslant 0.95,$$

等价地,

$$\Phi\left(0.01\sqrt{\frac{n}{pq}}\right) \geqslant 0.975,$$

查表得

$$0.01\sqrt{\frac{n}{pq}} \geqslant 1.96,$$

解出

$$n \geqslant 196^2 pq,$$

又 $pq \leqslant \dfrac{1}{4}$,故只要 $n \geqslant 196^2 \times \dfrac{1}{4} = 9\,604$,就能达到要求.

习　题　4

1. 设 $\{X_n\}$ 独立同分布,且共同密度函数为

$$p(x) = \begin{cases} \left| \dfrac{1}{x} \right|^3, & |x| \geqslant 1, \\ 0, & |x| < 1, \end{cases}$$

证明 $\{X_n\}$ 服从大数定律.

2. 某车间有 200 台"独立"工作的车床,每台车床的开工率是 0.6,开工时耗电每台 1 千瓦,问至少要供这个车间多少电力才能以 99.9% 的概率保证这个车间正常生产?

3. 计算机在进行加法时,每个加数取整数(四舍五入),设所有加数的取整误差相互独立,且服从 $U(-0.5, 0.5)$.

(1) 若将 300 个数相加在一起,其误差总和的绝对值超过 15 的概率;

(2) 至多 n 个数加在一起,其误差总和的绝对值小于 10 的概率为 0.9,求 n.

4. 某厂生产的螺丝钉的不合格为 0.01,问一盒中应装多少只才能使其中含有 100 只合格品的概率不小于 0.95?

5. 一个复杂系统,由 n 个相互独立起作用的部件组成,每个部件的可靠性为 0.9,且必须至少有 80% 部件工作才能使整个系统工作.问 n 至少为多少时才能使系统的可靠性为 0.95?

6*. 已知 $X \sim P(100)$,计算 $P(80 \leqslant X \leqslant 100)$.

7*. 利用中心极限定理证明:

$$\lim_{n \to \infty} \left(\sum_{k=0}^{n} \dfrac{n^k}{k!} \right) e^{-n} = \dfrac{1}{2}.$$

第5章　数理统计的基本概念

数理统计的研究对象也是随机现象.在前四章我们讨论了概率论的基本概念与方法,从中可发现随机变量及其概率分布全面地描述了随机现象的统计规律性.在概率论的许多问题中,概率分布通常总是已知的或者假设为已知的,而一切计算与推理就是在这一假设的基础上进行的.但实际上,情况往往并非如此.一个随机变量的分布的概型可能并不知道或者知道了概型但是其中的参数不知道.如果我们要对这些问题或者相关问题进行研究,就有必要知道它们的分布或者参数.那么怎么才能知道他们的分布或者参数呢?这是数理统计研究的首要问题.在数理统计学中总是从所要研究的对象全体中取出一部分进行观测或者测试以取得信息,从而对整体做出推断.由于观测或试验的随机现象有限,依据有限观测或试验对整体所做出的推论不可能绝对正确,多少有一定程度的不确定性,而不确定性可以用概率的大小来表示.概率大,推断比较可靠;概率小,推断就比较不可靠.数理统计学中,一个基本问题就是如何依据观测或试验所取得的有限信息对整体推断的问题.每个推断必须伴随一定的概率以表明推断的可靠程度.这种伴随一定概率的推断称为**统计推断**.

综上所述,我们可以看出概率论与数理统计的区别与联系.概率论是从对随机现象的大量观察中提出随机现象的数学模型,然后再研究随机模型的性质,由此来阐述随机现象的统计规律性.而数理统计则是对随机现象的观测所得之资料出发,用概率论的理论来研究随机现象,它主要阐述搜集、整理、分析统计数据,并据以对研究对象进行统计推断的理论和方法.比如对随机现象模型中的某些参数进行估计,或者检验随机现象的数学模型是否适当,然后在此基础上对随机现象的性质、特点做出推断.简单地讲,数理统计就是研究处理数据的一门学问,而概率论为数据处理提供了理论基础.

本章将介绍数理统计的一些基本概念,包括总体与样本、统计量和抽样分布.为了研究抽样分布,在5.4节中介绍了三种常用的分布:χ^2分布,F分布与t分布.

由于统计应用中最常见的总体分布服从或近似服从正态分布,因此本章将只介绍正态总体的抽样分布.由于篇幅有限,我们略去了一些较复杂的定理的证明.

5.1　总体与样本

我们已经知道,概率论是现实世界中大量随机现象的客观规律的反映.观测大量随机现象得到的数据的收集、整理和分析的种种方法构成了数理统计的基本内容.例如,我们考察某工厂生产的电灯泡的质量,在正常生产的情况下,电灯泡的质量是具有统计规律性的,它可以表现为电灯泡的寿命是一定的,但是由于生产过程中种种随机因素的影响,各个电灯泡的寿命是不相同的.由于测定电灯泡的寿命试验是破坏性的,我们当然不可能对生产出来的全部电灯泡一一进行测试,而只能从整批电灯泡中取出一小部分来测试,然后根据所得到的这一部分电灯泡的寿命来推断全部电灯泡的平均寿命.

定义 5.1　被研究对象的全体叫做**总体**,组成总体的每个单元叫做**个体**.

在上面的例子中,该工厂生产的所有电灯泡的寿命就是一个总体,而每个电灯泡的寿命则是一个个体.根据总体所包含的个体数目可将总体分成有限总体和无限总体.在一个有限总体包含的个体相当多的情况下也可以把它视作无限总体来处理.例如一麻袋稻种,一个国家的人口等等.在实际中我们所研究的往往是总体中个体的各种数值指标,例如电灯泡的寿命 X 是一个随机变量.为了方便起见,我们把这个数值指标可能取值的全体看成是某个随机变量 X 可能取值的全体,这样我们就把总体和随机变量联系起来了.从总体中抽取一个个体就是对代表总体的随机变量 X 进行一次试验,得到 X 的一个观察值.从这个意义上说:**总体就是一个分布**,而其数量指标就是服从这个分布的随机变量.

定义 5.2　总体中抽出若干个体而成的集体叫做**样本**,样本中所含的个体的数量叫做**样本容量**.

从总体中抽取样本的目的是为了对总体的分布进行各种分析推断,所以要求抽取的样本能很好地反映总体的特征.

定义 5.3　从总体中抽取样本时,为使样本具有代表性,抽样必须是随机的,即应使得总体的每一个个体都以同等的机会被抽取;其次是抽样要求是独立的,即每次抽取的个体不影响其他个体的抽取.这样得到的样本叫**简单随机样本**.

本书只研究简单随机样本.

综上所述,所谓总体就是一个随机变量 X,所谓样本就是 n 个相互独立且与总体有相同分布的随机变量 $X_1,\cdots,X_n$,常把他们看成是一个 n 元随机变量 $(X_1,\cdots,X_n)$,而每一次具体抽样所得到的数据就是 n 元随机变量的一个观察值(样本值),记为 $(x_1,\cdots,x_n)$.

定义 5.4 样本$(X_1, \cdots, X_n)$的函数$f(X_1, \cdots, X_n)$称为**统计量**,其中$f(X_1, \cdots, X_n)$不含有未知参数,统计量的分布称为**抽样分布**.

如果随机变量$(X_1, \cdots, X_n)$的一个观察值是$(x_1, \cdots, x_n)$,则称统计量$f(X_1, \cdots, X_n)$的观察值是$f(x_1, \cdots, x_n)$.

上述定义中规定"不含有任何参数"是强调在获得样本的观察值后即可获得统计量的观察值.

例 5.1 设总体X服从正态分布$N(\mu, \sigma^2)$,其中μ与σ为未知参数,从该总体获得样本$(X_1, \cdots, X_n)$,则

$$\overline{X} = \frac{1}{n}\sum_{i=1}^{n} X_i$$

便是一个统计量,但是$\overline{X} - \mu$,$\dfrac{\overline{X} - \mu}{\sigma}$都不是统计量,因为它们含有未知参数.

5.2 经验分布函数

5.2.1 经验分布函数的定义

通常把总体X的分布函数$F_X(x)$叫做**总体分布函数**.从总体中抽取样本容量为n的样本,样本观察值为$(x_1, \cdots, x_n)$,将它们按照大小排列为$x_1^* < x_2^* < \cdots < x_n^*$.

令

$$F_n(x) = \begin{cases} 0, & x < x_1^*, \\ \dfrac{k}{n}, & x_k^* \leqslant x < x_{k+1}^*, \\ 1, & x \geqslant x_n^*, \end{cases} \tag{5.2}$$

$F_n(x)$的图像就是累积频率曲线,它是跳跃式上升的一条阶梯曲线.若观察值x_k^*不重复,则$F_n(x)$在此处的跳跃度为$1/n$;若此处有m个重复,则在此处的跳跃度为m/n,称$F_n(x)$为经验分布函数(样本分布函数).事实上它就是样本的n个观察值中不超过x的个数除以样本容量n,即事件$(X \leqslant x)$的频率.由伯努利大数定律知,$F_n(x)$可以作为未知的分布函数$F_X(x)$的一个近似,n越大,近似地越好.例如,随机观察总体X,得到10个数据如下:$3.2, 2.5, -4, 2.5, 0, 3, 2, 2.5, 4, 2$.将它们由小到大排列为$-4 < 0 < 2 = 2 < 2.5 = 2.5 = 2.5 < 3 < 3.2 < 4$,其经验分布函数为

$$F_{10}(x) = \begin{cases} 0, & x < -4, \\[1mm] \dfrac{1}{10}, & -4 \leqslant x < 10, \\[1mm] \dfrac{2}{10}, & 0 \leqslant x < 2, \\[1mm] \dfrac{4}{10}, & 2 \leqslant x < 2.5, \\[1mm] \dfrac{7}{10}, & 2.5 \leqslant x < 3, \\[1mm] \dfrac{8}{10}, & 3 \leqslant x < 3.2, \\[1mm] \dfrac{9}{10}, & 3.2 \leqslant x < 4, \\[1mm] 1, & x \geqslant 4. \end{cases}$$

该函数的图像为

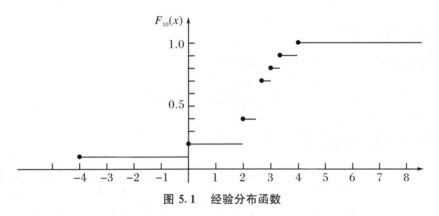

图 5.1　经验分布函数

5.2.2　经验分布函数的性质

1. 对每一个固定的 x，$F_n(x)$ 是事件"$X \leqslant x$"发生的频率，由伯努利大数律：

$$F_n(x) \xrightarrow{P} P(X \leqslant x) = F(x).$$

2. (格里纹科定理)　设 $x_1, x_2, \cdots, x_n$ 是取自总体分布函数为 $F(x)$ 的样本的观测值，$F_n(x)$ 是经验分布函数，有 $P\left(\lim\limits_{n \to \infty} \sup\limits_{-\infty < x < +\infty} \mid F_n(x) - F(x) \mid = 0 \right) = 1$.

注：此定理表明，当 n 相当大时，经验分布函数是总体分布函数的一个良好的近似.

5.3 样本分布的数字特征

数理统计中最常用的统计量就是样本均值,样本方差和样本矩,人们经常用它们来估计总体的数字特征.

5.3.1 样本均值

定义 5.5 设$(X_1,\cdots,X_n)$是来自总体 X 的样本,称

$$\overline{X} = \frac{1}{n}\sum_{i=1}^{n} X_i \tag{5.3}$$

为样本均值.

对于样本 X 观测值$(x_1,x_2,\cdots,x_n)$,样本均值的观测值为 $\overline{x} = \frac{1}{n}\sum_{i=1}^{n} x_i$.

5.3.2 样本方差

定义 5.6 对于样本$(X_1,\cdots,X_n)$,称

$$S^2 = \frac{1}{n-1}\sum_{i=1}^{n} (X_i - \overline{X})^2 \tag{5.4}$$

为样本方差,$S = \sqrt{\frac{1}{n-1}\sum_{i=1}^{n} (X_i - \overline{X})^2}$ 为样本标准差.

注:(1) $S^2 = \frac{1}{n-1}\sum_{i=1}^{n} (X_i - \overline{X})^2 = \frac{1}{n-1}\sum_{i=1}^{n} X_i^2 - \frac{n}{n-1} \overline{X}^2$.显然,当样本观察值是$(x_1,\cdots,x_n)$时,样本方差的观察值是 $s^2 = \frac{1}{n-1}\sum_{i=1}^{n} x_i^2 - \frac{n}{n-1}\overline{x}^2$.

(2) 当样本容量较大时,相同的样本观察值 x_i 往往会重复出现,为了使用的方便,应先把所有的数据整理如表 5.1.

表 5.1

观察值 x_i	x_1	x_2	$\cdots$	x_i	$\cdots$	x_l
频数 m_i	m_1	m_2	$\cdots$	m_i	$\cdots$	m_l

这里 m_i 是观测 x_i 出现的次数,则样本均值、样本方差的观察值分别为

$$\overline{x} = \frac{1}{n}\sum_{i=1}^{l} m_i x_i, \quad s^2 = \sum_{i=1}^{l} \frac{m_i}{n-1} (x_i - \overline{x})^2,$$

其中 $n = \sum\limits_{i=1}^{l} m_i$ 是样本容量.

例 5.2　设抽样得到 100 个观测值如表 5.2.

表 5.2

观察值 x_i	0	1	2	3	4	5
频数 m_i	14	21	26	19	12	8

计算样本均值,样本方差.

解　$\overline{x} = \dfrac{1}{100} \sum\limits_{i=1}^{l} m_i x_i = 2.18$,

$$s^2 = \frac{1}{99} \sum_{i=1}^{l} m_i (x_i - \overline{x})^2 = 2.149\ 1.$$

如果数据是分组数据,则可以把各个区间的中点值取做 x_i,把样本观察值落到对应区间的频数取做 m_i,按照前面所给的公式计算.

5.3.3　样本矩

定义 5.7　称 $v_k = \dfrac{1}{n} \sum\limits_{i=1}^{n} X_i^k (k$ 是正整数$)$ 为样本 k 阶(原点)矩,$u_k = \dfrac{1}{n} \sum\limits_{i=1}^{n} (X_i - \overline{X})^k (k$ 是正整数$)$ 为样本 k 阶中心矩.

注:显然有 $v_1 = \overline{X}, u_2 = \dfrac{n-1}{n} S^2$.

5.4　常用分布及分位数

数理统计中的常用分布,除正态分布外,还有 χ^2 分布、t 分布及 F 分布.

5.4.1　χ^2 分布

定理 5.1　设 $(X_1, \cdots, X_n)$ 为来自于正态总体 $N(0,1)$ 的样本,则称统计量 $\chi^2 = X_1^2 + \cdots + X_n^2$ 所服从的分布为自由度是 n 的 χ^2 分布,记为 $\chi^2 \sim \chi^2(n)$. 其概率密度函数为

$$\varphi_{\chi^2}(x) = \begin{cases} \dfrac{1}{2^{\frac{n}{2}} \Gamma\left(\dfrac{n}{2}\right)} x^{\frac{n}{2}-1} \mathrm{e}^{-\frac{x}{2}}, & x > 0, \\ 0, & x \leqslant 0. \end{cases}$$

注:n 个独立同服从 $N(0,1)$ 分布的随机变量的平方和服从自由度为 n 的 χ^2 分布.

χ^2 分布的性质

(1) $\chi_1^2 \sim \chi^2(n_1), \chi_2^2 \sim \chi^2(n_2)$，且 χ_1^2, χ_2^2 独立，则有 $\chi_1^2 + \chi_2^2 \sim \chi^2(n_1 + n_2)$；

(2) $E\chi^2 = n, D\chi^2 = 2n$.

5.4.2 t 分布

定理 5.2 设随机变量 $X \sim N(0,1), Y \sim \chi^2(n), X, Y$ 独立,则称统计量 $T = X \Big/ \sqrt{\dfrac{Y}{n}}$ 所服从的分布为自由度是 n 的 t 分布,记作 $T \sim t(n)$. 其概率密度为

$$\varphi_T(x) = \frac{\Gamma\left(\dfrac{n+1}{2}\right)}{\sqrt{n\pi}\,\Gamma\left(\dfrac{n}{2}\right)} \left(1 + \frac{x^2}{n}\right)^{-\frac{n+1}{2}} \quad (-\infty < x < +\infty).$$

t 分布的性质

(1) 当 $n > 1$ 时,$ET = 0$;密度函数曲线关于轴 $x = 0$ 对称;

(2) 当 $n > 2$ 时,$DT = n/(n-2)$;

(3) 当 $n = 1$ 时,T 的密度函数为

$$\varphi_T(x) = \frac{1}{\pi(1+x^2)} \quad [x \in \mathbf{R}(\text{Cauchy 分布})];$$

(4) 当 $n \to \infty$ 时,$\varphi_T(x) \to \dfrac{1}{\sqrt{2\pi}} e^{-\frac{x^2}{2}} (x \in \mathbf{R})$,这说明当 n 充分大$(n > 30)$ 时,随机变量 T 近似服从标准正态分布.

5.4.3 F 分布

定理 5.3 设 $U \sim \chi^2(m), V \sim \chi^2(n)$,且 U 与 V 独立,则称随机变量 $F = \dfrac{U/m}{V/n}$ 为服从自由度为 (m,n) 的 F 分布,记作 $F \sim F(m,n)$,其中 m 是分子自由度,n 是分母自由度. 其概率密度为

$$\varphi_F(x) = \begin{cases} \dfrac{\Gamma\left(\dfrac{m+n}{2}\right)}{\Gamma\left(\dfrac{m}{2}\right)\Gamma\left(\dfrac{n}{2}\right)} \left(\dfrac{m}{n}\right)\left(\dfrac{m}{n}x\right)^{\frac{m}{2}-1} \left(1 + \dfrac{m}{n}x\right)^{-\frac{m+n}{2}}, & x > 0, \\ 0, & x \leqslant 0. \end{cases}$$

注:(1) 若 $F \sim F(n_1, n_2)$,则 $1/F \sim F(n_2, n_1)$;

(2) 若 $T \sim t(n)$,则 $T^2 \sim F(1,n)$.

5.4.4　分位数

定义 5.8　设 X 是具有已知分布函数 $F(x)$ 的随机变量,对 $\alpha \in (0,1)$,称满足 $P(X > F_\alpha) = \alpha$ 的常数 F_α 为随机变量 X 的水平 α 的上侧分位数,或直接称为分布 (函数)$F(x)$ 的水平 α 的上侧分位数.

1. 标准正态分布的水平 α 的上侧分位数

设 $X \sim N(0,1)$,对给定的 $\alpha(0 < \alpha < 1)$,

(1) 称满足条件 $P(X > u_\alpha) = \alpha$,即 $\int_{u_\alpha}^{+\infty} \varphi(x)\mathrm{d}x = \alpha$ 的点 u_α 为标准正态分布的水平 α 的上侧分位数;

(2) 称满足条件 $P\{|X| > u_{\frac{\alpha}{2}}\} = \alpha$ 的点 $u_{\frac{\alpha}{2}}$ 为 $N(0,1)$ 分布的双侧 α 分位数.

2. χ^2 分布的水平 α 的上侧分位数

设 $\chi^2 \sim \chi^2(n)$,对给定的 $\alpha(0 < \alpha < 1)$,称满足条件 $P[\chi^2 \geqslant \chi_\alpha^2(n)] = \alpha$, $\int_{\chi_\alpha^2(n)}^{+\infty} \varphi_{\chi^2}(x)\mathrm{d}x = \alpha$ 的点 $\chi^2(n)$ 为 χ^2 分布的水平 α 的上侧分位数,见图 5.2.

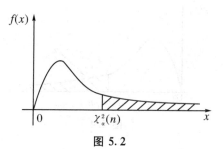

图 5.2

例 5.3　设总体 $X \sim N(0, 0.3^2)$,$X_1, \cdots, X_{10}$ 为来自总体的样本,求 $P\left(\sum_{i=1}^{10} X_i^2 > 1.44\right)$.

解　由于 $\dfrac{X}{0.3} \sim N(0,1)$,于是 $\sum_{i=1}^{10} \left(\dfrac{X}{0.3}\right)^2 \sim \chi^2(10)$,故

$$P\left(\sum_{i=1}^{10} X_i > 1.44\right) = P\left(\sum_{i=1}^{10} \left(\dfrac{X_i}{0.3}\right)^2 > \dfrac{1.44}{0.3^2}\right) = P[\chi^2(10) > 16] = 0.1.$$

3. t 分布的水平 α 的上侧分位数

设 $T \sim t(n)$,对给定的 $\alpha(0 < \alpha < 1)$,

(1) 称满足条件 $P[T \geqslant t_\alpha(n)] = \alpha$,即 $\int_{t_\alpha(n)}^{+\infty} \varphi_T(x)\mathrm{d}x = \alpha$ 的点 $t_\alpha(n)$ 为 t 分布的水平 α 的上侧分位数,见图 5.3;

（2）称满足条件 $P[\,|\,T\,|>t_{\frac{\alpha}{2}}(n)\,]=\alpha$ 的点 $t_{\frac{\alpha}{2}}(n)$ 为 t 分布的双侧分位数.

注：由对称性，$t_{1-\alpha}(n)=-t_{\alpha}(n)$.

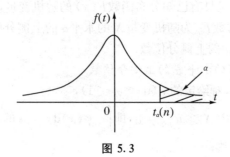

图 5.3

4. F 分布的水平 α 的上侧分位数

设 $F\sim F(m,n)$，对给定的 $\alpha(0<\alpha<1)$，称满足条件 $P[F>F_{\alpha}(m,n)]=\alpha$ 即 $\int_{F_{\alpha}(m,n)}^{+\infty}\varphi_{F}(x)\mathrm{d}x=\alpha$ 的点 $F_{\alpha}(m,n)$ 为 F 分布的水平 α 的上侧分位数，见图 5.4.

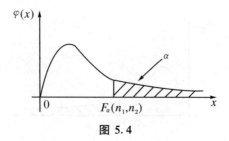

图 5.4

注：$F_{1-\alpha}(n_1,n_2)=1/F_{\alpha}(n_2,n_1)$.

证明　若 $F\sim F(n_1,n_2)$，则

$$1-\alpha=P[F>F_{1-\alpha}(n_1,n_2)]=P\left(\frac{1}{F}<\frac{1}{F_{1-\alpha}(n_1,n_2)}\right)$$

$$=1-P\left(\frac{1}{F}\geqslant\frac{1}{F_{1-\alpha}(n_1,n_2)}\right),$$

所以

$$P\left(\frac{1}{F}>\frac{1}{F_{1-\alpha}(n_1,n_2)}\right)=\alpha.$$

又因为

$$1/F\sim F(n_2,n_1),$$

所以

$$F_a(n_2, n_1) = \frac{1}{F_{1-a}(n_1, n_2)},$$

即

$$F_{1-a}(n_1, n_2) = \frac{1}{F_a(n_2, n_1)}.$$

例如 $F_{0.95}(12, 9) = \dfrac{1}{F_{0.05}(9, 12)} = \dfrac{1}{2.80} = 0.357.$

5.5　常用抽样分布

在研究数理统计问题时往往需要知道所讨论的统计量的分布,一般来说,要确定某个统计量的分布是很困难的,但是对于总体服从正态分布的情形,已经有了详尽的研究.本节当中我们假定总体为服从正态分布的情形.

定理 5.4　设 $X_1, \cdots, X_n$ 相互独立,$X_i \sim N(\mu_i, \sigma_i^2)(i = 1, \cdots, n)$,则它们的线性函数 $\eta = \sum\limits_{i=1}^{n} a_i X_i$($a_i$ 是不全为零的常数)也服从正态分布,且 $E\eta = \sum\limits_{i=1}^{n} a_i \mu_i$,$D\eta = \sum\limits_{i=1}^{n} a_i^2 \sigma_i^2.$

推论 5.1　设 $(X_1, \cdots, X_n)$ 是取自正态总体 $N(\mu, \sigma^2)$ 的样本,则有

(1) $\overline{X} \sim N\left(\mu, \dfrac{\sigma^2}{n}\right)$;

(2) $\dfrac{\overline{X} - \mu}{\sigma/\sqrt{n}} \sim N(0, 1).$

例 5.4　设总体 $X \sim N(20, 3^2)$,抽取容量为 $n_1 = 40, n_2 = 50$ 的两个样本,求两个样本平均值之差的绝对值小于 0.7 的概率.

解　记第一个抽样($n_1 = 40$)和第二个抽样($n_2 = 50$)的样本均值分别为 $\overline{X}$ 和 $\overline{Y}$,则由简单随机抽样的性质知 $\overline{X}$ 和 $\overline{Y}$ 是独立的,且 $\overline{X} \sim N\left(20, \dfrac{9}{40}\right)$,$\overline{Y} \sim N\left(20, \dfrac{9}{50}\right)$,于是由独立正态分布和的分布知

$$\overline{X} - \overline{Y} \sim N\left(20 - 20, \frac{9}{40} + \frac{9}{50}\right) = N\left(0, \frac{81}{200}\right),$$

从而

$$P(|\overline{X} - \overline{Y}| < 0.7) = P\left\{\frac{|\overline{X} - \overline{Y}|}{\sqrt{\frac{81}{200}}} < \frac{0.7}{\sqrt{\frac{81}{200}}}\right\} = 2\Phi\left(\sqrt{\frac{81}{200}}\right) - 1$$

$$= 2\Phi(1.1) - 1 = 0.864\ 3.$$

即两个样本的平均值之差小于 0.7 的概率为 0.864 3.

定理 5.5 (Fisher 定理) 设 $X_1, X_2, \cdots, X_n$ 是来自正态总体 $N(\mu, \sigma^2)$ 的样本,$\overline{X}$ 和 S^2 分别是样本均值与样本方差,则

(1) $\overline{X} \sim N\left(\mu, \dfrac{1}{n}\sigma^2\right)$;

(2)

$$\frac{(n-1)S^2}{\sigma^2} = \sum_{i=1}^{n} \left(\frac{X_i - \overline{X}}{\sigma}\right)^2 \sim \chi^2(n-1); \tag{5.5}$$

(3) $\overline{X}$ 与 S^2 独立.

例 5.5 设总体 $X \sim N(\mu, \sigma^2)$,已知样本容量 $n = 21$,方差 $\sigma^2 = 9$,则样本方差不小于 18 的概率是多少?

解 由定理 5.5 知道 $\dfrac{(n-1)S^2}{\sigma^2} \sim \chi^2(n-1)$,从而

$$P(S^2 \geqslant 18) = P\left[\frac{(n-1)S^2}{\sigma^2} \geqslant \frac{18(n-1)}{\sigma^2}\right] = P\left(\frac{20S^2}{9} \geqslant \frac{360}{9}\right)$$

$$= P[\chi^2(20) > 40] = 0.005.$$

推论 5.2 设 $X_1, X_2, \cdots, X_n$ 是来自正态总体 $N(\mu, \sigma^2)$ 的样本,$\overline{X}, S^2$ 为样本均值、样本方差,则

$$T = \frac{\sqrt{n}(\overline{X} - \mu)}{S} \sim t(n-1). \tag{5.6}$$

证明 $\dfrac{\overline{X} - \mu}{\sigma/\sqrt{n}} \sim N(0,1)$,$\dfrac{(n-1)S^2}{\sigma^2} \sim \chi^2(n-1)$,且它们相互独立. 则由 t 分布的定义

$$\frac{\dfrac{\overline{X} - \mu}{\sigma/\sqrt{n}}}{\sqrt{\dfrac{(n-1)S^2}{\sigma^2(n-1)}}} \sim t(n-1),$$

即

$$\frac{\sqrt{n}(\overline{X} - \mu)}{S} \sim t(n-1).$$

推论 5.3 设 $X_1, X_2, \cdots, X_m$ 是来自 $N(\mu_1, \sigma_1^2)$ 的样本,$Y_1, Y_2, \cdots, Y_n$ 是来自 $N(\mu_2, \sigma_2^2)$ 的样本,且两样本相互独立,记

$$\overline{X} = \frac{1}{m}\sum_{i=1}^{m} X_i, \quad S_X^2 = \frac{1}{m-1}\sum_{i=1}^{m} (X_i - \overline{X})^2,$$

$$\overline{Y} = \frac{1}{n}\sum_{i=1}^{n} Y_i, \quad S_Y^2 = \frac{1}{n-1}\sum_{i=1}^{n} (Y_i - \overline{Y})^2,$$

则有

$$F = \frac{S_X^2/\sigma_1^2}{S_Y^2/\sigma_2^2} \sim F(m-1, n-1), \tag{5.7}$$

特别当 $\sigma_1^2 = \sigma_2^2$ 时,$F = S_X^2/S_Y^2 \sim F(m-1, n-1)$.

推论 5.4　在推论 5.3 的记号下,设 $\sigma_1^2 = \sigma_2^2 = \sigma^2$,则有

$$\frac{\overline{X} - \overline{Y} - (\mu_1 - \mu_2)}{S_\omega \sqrt{\dfrac{1}{m} + \dfrac{1}{n}}} \sim t(m+n-2), \tag{5.8}$$

其中 $S_\omega = \sqrt{\dfrac{(m-1)S_X^2 + (n-1)S_Y^2}{m+n-2}}$.

例 5.6　设 $X_1, X_2, \cdots, X_{2n}$ 来自正态总体 $N(0, \sigma^2)$,求 $\dfrac{X_1^2 + X_3^2 + \cdots + X_{2n-1}^2}{X_2^2 + X_4^2 + \cdots + X_{2n}^2}$ 的分布.

解　因 $X_1, X_2, \cdots, X_{2n}$ 相互独立,所以 $X_1^2 + X_3^2 + \cdots + X_{2n-1}^2$ 和 $X_2^2 + X_4^2 + \cdots + X_{2n}^2$ 也独立.根据推论 5.3 的结论有

$$\frac{X_1^2 + X_3^2 + \cdots + X_{2n-1}^2}{X_2^2 + X_4^2 + \cdots + X_{2n}^2} \sim F(n, n).$$

习　题　5

1. 已知样本观测值为 $15.8, 24.2, 14.5, 17.4, 13.2, 20.8, 17.9, 19.1, 21.0, 18.5, 16.4,$ 22.6,计算样本均值、样本方差.

2. 设总体 X 的方差为 $\sigma^2 = 4$,而 $\overline{X}$ 是容量为 100 的样本均值,利用切比雪夫不等式求出一个上限和一个下限,使得 $\overline{X} - \mu$(μ 为总体 X 的均值)落在这两个界限之间的概率至少为 0.90.

3. 设总体 $X \sim N(40, 5^2)$,

(1) 抽取容量为 36 的样本,求样本平均值 $\overline{X}$ 在 38 与 43 间的概率;

(2) 抽取容量为 64 的样本,求 $P(|\overline{X} - 40| < 1)$;

(3) 当 n 多大时,才能使概率 $P(|\overline{X} - 40| < 1)$ 达到 0.95?

4. 设总体 X 服从两点分布,即 $P(X = x) = p^x(1-p)^{1-x}$,$x = 0$ 或 1,抽取样本为 $X_1, \cdots,$ X_n,求样本均值和样本方差的分布,数学期望和方差.

5. 从总体中抽取两个样本,其容量分别为 n_1 和 n_2,计算得到样本均值和样本方差分别为 $\overline{x_1}$ 和 $\overline{x_2}$,样本方差分别为 s_1^2 和 s_2^2.把这两组样本混合成一个样本容量为 $n_1 + n_2$ 的联合样本,证明:

(1) 联合样本的均值为 $\bar{x} = \dfrac{n_1 \overline{x_1} + n_2 \overline{x_2}}{n_1 + n_2}$;

(2) 联合样本的样本方差为 $s^2 = \dfrac{(n_1 - 1)s_1^2 + (n_2 - 1)s_2^2}{n_1 + n_2 - 1} + \dfrac{n_1 n_2 (\overline{x_1} - \overline{x_2})^2}{(n_1 + n_2 - 1)(n_1 + n_2)}$.

6. 设总体 X 服从泊松分布 $p(\lambda)$,抽取样本 $X_1, \cdots, X_n$,求样本均值 $\bar{X}$ 的概率分布,数学期望 $E\bar{X}$ 以及方差 $D\bar{X}$.

7. 设对总体 X 进行 10 次独立观测,所得观测值为 3.8,4.0,3.5,5.0,3.7,4.2,4.0,4.5,4.4,4.8,求 X 的经验分布函数并画出图形.

8. 设 $X_1, \cdots, X_n$ 为总体 X 的样本,假定 X 的二阶矩存在,试证 $(X_i - \bar{X})$ 和 $(X_j - \bar{X})$ 的相关系数为 $-\dfrac{1}{n - 1}(i \neq j, i, j = 1, \cdots, n)$.

9. 设 $X_1, \cdots, X_n$ 为总体 $N(\mu, \sigma^2)$ 的样本,S_n^2 为样本方差,求满足下列条件的 n 的最小的值.

(1) $P(S_n^2 / \sigma^2 \leqslant 1.5) \geqslant 0.95$;

(2) $P(|S_n^2 - \sigma^2| \leqslant \sigma^2/2) \geqslant 0.8$.

10. 设 X_1, X_2 为正态总体的样本,试证 $X_1 + X_2$ 与 $X_1 - X_2$ 是相互独立的.

11. 设总体 $X \sim N(0,1)$,$X_1, \cdots, X_n$ 为其样本,$\bar{X}$ 和 S_n^2 分别为样本均值和样本方差,又 $X_{n+1} \sim N(0,1)$ 且与 $(X_1, \cdots, X_n)$ 独立.试求统计量 $\eta = \dfrac{X_{n+1} - \bar{X}}{S_n} \sqrt{\dfrac{n}{n + 1}}$ 的分布.

12. 设电子元件的寿命(单位:小时) 服从参数 $\lambda = 0.0015$ 的指数分布,其密度函数为
$$p(x) = \begin{cases} \lambda \mathrm{e}^{-\lambda x}, & x > 0, \\ 0, & x \leqslant 0. \end{cases}$$
今测试 6 个元件,试求:

(1) 没有元件在 800 小时之前失效的概率;

(2) 没有元件超过 3 000 小时的概率.

13. 袋中装有一个白球和两个黑球,从中有放回地取球,令 $X = \begin{cases} 0, & \text{取到白球}, \\ 1, & \text{取到黑球}, \end{cases}$ $X_1, X_2, \cdots,$ X_n 为一样本,求 $X_1 + \cdots + X_5$ 的分布,并求 $\bar{X} = \dfrac{1}{5} \sum\limits_{i-1}^{5} X_i$ 和 $S_5^2 = \dfrac{1}{4} \sum\limits_{i-1}^{5} (X_i - \bar{X})^2$ 的数学期望.

14. 设总体 X 服从 $[0,1]$ 上的均匀分布,$(X_1, \cdots, X_n)$ 是其一个样本,求该样本的密度函数.

15. (1) 查表求正态分布的分位数 $u_{0.6}, u_{0.8}, u_{0.05}$;

(2) 查表求 χ^2 分布的分位数 $\chi_{0.95}^2(5), \chi_{0.05}^2(5), \chi_{0.01}^2(10)$;

(3) 查表求 F 分布的分位数 $F_{0.5}(4,6), F_{0.05}(4,6), F_{0.99}(5,5)$.

16. 设总体 $X \sim N(\mu, 2^2)$,$X_1, X_2, \cdots, X_n$ 是来自总体 X 的样本,$\bar{X}$ 为样本均值,欲使 $E(|\bar{X} - \mu|^2) \leqslant 0.1$,$n$ 至少应该是多少?

17. 设总体 X, Y 相互独立且 $X \sim N(\mu_1, 10)$,$Y \sim N(\mu_2, 15)$,现在从这两个总体中分别抽取容量为 $n_2 = 25$ 和 $n_2 = 31$ 的样本,其样本方差分别记为 S_1^2 和 S_2^2,试求

$P\left(\dfrac{S_1^2}{S_2^2} > 1.52\right).$

18. 设随机变量 X 服从正态分布 $N(0,1)$,对给定的 $\alpha(0 < \alpha < 1)$,数 u_α 满足 $P(X > u_\alpha)$ $= \alpha$,若 $P(|X| < x) = \alpha$,则 x 为?

19. 设 $X_1, X_2, \cdots, X_m, \cdots, X_n (m < n)$ 是来自正态总体 $N(0,1)$ 的样本分布,令 $Y = a(X_1 + X_2 + \cdots + X_m)^2 + b(X_{m+1} + \cdots + X_n)^2.$

(1) 求 a, b 的值使得 Y 服从 χ^2 分布;

(2) 求 c, d 的值,使 $Z = \dfrac{c(X_1 + X_2 + \cdots + X_m)}{d\sqrt{X_{m+1}^2 + \cdots + X_n^2}}$ 服从 t 分布.

第6章 参数估计

上一章已经指出,数理统计的基本问题是根据样本来推断总体的分布,即统计推断.统计推断的主要内容包括参数估计和统计假设检验,它们构成数理统计的核心部分.本章主要介绍参数估计的方法及评价估计量好坏的标准,并着重讨论求点估计的经典方法以及正态总体参数的区间估计.

6.1 点 估 计

总体是由总体分布来刻画的.在实际问题中,我们往往可以根据相关专业知识以及以前的经验判断出总体分布的类型,但总体分布的参数却是未知的.例如,保险公司厘定费率时首先要分析相关险种发生损失时的损失分布,假设损失分布为指数分布 $E(\lambda)$,但参数 λ 的值未知,需要通过样本来估计.通过样本来估计总体的参数,这称为参数估计.

设总体 X 的分布函数为 $F(x)$,其中含有未知参数 θ,如果取样本的函数 $\hat{\theta}(x_1, \cdots, x_n)$ 作为参数 θ 的估计值,则称 $\hat{\theta}(x_1, \cdots, x_n)$ 为 θ 的点估计值,称 $\hat{\theta}(X_1, \cdots, X_n)$ 为参数 θ 的点估计量.

6.1.1 矩估计

矩估计法是求估计量的最古老的方法.具体的做法是:以样本矩作为总体矩的估计,以样本矩的函数作为总体矩同样的函数的估计.

如果总体含有 k 个参数,令总体的前 k 阶原点矩与同阶样本原点矩相等,就得到关于 k 个参数的方程组,解这个方程组,其解就是这 k 个参数的矩估计.

例 6.1 设总体 X 服从参数为 λ 的泊松分布,$\lambda > 0$ 是未知参数,$(X_1, X_2, \cdots, X_n)$ 是来自总体 X 的样本,求 λ 的矩估计量.

解 $EX = \lambda$,因此

$$\hat{\lambda} = \overline{X} = \frac{1}{n} \sum_{i=1}^{n} X_i$$

是 λ 的矩估计量.

如果样本观察值为:0,1,3,10,4,6,6,2,则 λ 的矩估计量是 $\hat{\lambda} = \overline{x} = \dfrac{1}{8}\sum\limits_{i=1}^{8} x_i$

$= 4$.

例 6.2　设总体 $X \sim N(\mu, \sigma^2)$,其中 μ, σ^2 皆是未知参数,求 μ, σ^2 的矩估计量.

解　令

$$\begin{cases} EX = \mu = \overline{X} = \dfrac{1}{n}\sum\limits_{i=1}^{n} X_i, \\ EX^2 = \mu^2 + \sigma^2 = \dfrac{1}{n}\sum\limits_{i=1}^{n} X_i^2, \end{cases}$$

解得

$$\begin{cases} \hat{\mu} = \overline{X}, \\ \hat{\sigma^2} = \dfrac{n-1}{n}S^2 = \dfrac{1}{n}\sum\limits_{i=1}^{n}(X_i - \overline{X})^2, \end{cases}$$

即 $\hat{\mu}$ 和 $\hat{\sigma^2}$ 分别是 μ, σ^2 的矩估计量.

例 6.3　设总体 X 具有概率密度函数为

$$f(x;\theta) = \begin{cases} c^{\frac{1}{\theta}} \dfrac{1}{\theta} x^{-(1+\frac{1}{\theta})}, & x \geqslant c, \\ 0, & \text{其他}, \end{cases}$$

其中,$0 < \theta < 1, c$ 为已知常数,且 $c > 0, (X_1, X_2, \cdots, X_n)$ 是来自总体 X 的样本,求 θ 的矩估计量.

解　$EX = \displaystyle\int_{-\infty}^{+\infty} xf(x;\theta)\mathrm{d}x = \int_{c}^{+\infty} xc^{\frac{1}{\theta}} \dfrac{1}{\theta} x^{-(1+\frac{1}{\theta})}\mathrm{d}x = \dfrac{c}{1-\theta} = \overline{X},$

得到 $\hat{\theta} = 1 - \dfrac{c}{\overline{X}}$ 为 θ 的矩估计量.

6.1.2　最大似然估计

现在讨论从总体 X 的样本观察值 $(x_1, x_2, \cdots, x_n)$ 对总体分布中未知参数 θ 进行估计的另一种方法 —— 最大似然法,此法就是要选取这样的 $\hat{\theta}$,当它作为 θ 的估计值时,观察结果出现的可能性最大.

为了说明最大似然估计的思想,我们举一个例子.甲、乙两个猎人同时向一只兔子射击,甲的射击技术比乙高,结果兔子被一个猎人射中,在不能精确知道是哪个射手射中的情况下,我们往往会推测是甲,因为甲射中兔子的可能性较大.

设总体 X 是连续型随机变量,它的概率密度函数是 $\varphi(x;\theta)$,其中 $\theta =$

$(\theta_1, \cdots, \theta_m)$ 是未知参数,$(X_1, X_2, \cdots, X_n)$ 是来自 X 的一个样本,其联合概率密度函数是

$$L(x_1, \cdots, x_n; \theta) = \prod_{i=1}^{n} \varphi(x_i; \theta), \tag{6.1}$$

对每一组给定的值 $(x_1, x_2, \cdots, x_n)$,L 是参数 θ 的函数,称为样本的似然函数.

类似地,如果总体 X 是离散型随机变量,其概率分布的形式为

$$P(X = x_i) = p(x_i; \theta) \quad (i = 1, 2, \cdots),$$

则其似然函数是样本 $(X_1, X_2, \cdots, X_n)$ 的联合概率分布,即

$$L(x_1, \cdots, x_n; \theta) = \prod_{i=1}^{n} p(x_i; \theta). \tag{6.2}$$

最大似然估计就是选取 $\hat{\theta}$,使似然函数 $L(x_1, \cdots, x_n; \theta)$ 在 $\hat{\theta}$ 处达到最大值.注意到 $\ln L$ 和 L 同时达到最大值,故往往只需求 $\ln L$ 的最大值点.一般地,这个问题可以通过解下面的方程组

$$\begin{cases} \dfrac{\partial \ln L}{\partial \theta_1} = 0, \\ \vdots \\ \dfrac{\partial \ln L}{\partial \theta_m} = 0 \end{cases} \tag{6.3}$$

来解决.如果 θ 是一维的,式(6.3) 中的求偏导数就成为求导数.

需要指出的是,如果 $\ln L$ 关于 $\theta_1, \cdots, \theta_m$ 的偏导数不存在时,方程组(6.3) 就不存在,这往往需要根据最大似然估计的定义来解决.

例 6.4 已知总体 X 服从泊松分布 $P(\lambda)$,其中 λ 是未知参数,如果取得样本观察值 $(x_1, x_2, \cdots, x_n)$,求参数 λ 的最大似然估计量.

解 X 的概率分布为

$$p(x; \lambda) = P(X = x) = e^{-\lambda} \frac{\lambda^x}{x!} \quad (x = 0, 1, 2, \cdots),$$

按式(6.2),似然函数为

$$L = \prod_{i=1}^{n} e^{-\lambda} \frac{\lambda^{x_i}}{x_i!} = e^{-n\lambda} \frac{\lambda^{\sum\limits_{i=1}^{n} x_i}}{\prod\limits_{i=1}^{n} x_i!},$$

$$\ln L = \left(\sum_{i=1}^{n} x_i \right) \ln \lambda - \left(\sum_{i=1}^{n} \ln x_i! \right) - n\lambda,$$

按式(6.3) 有

$$\frac{\mathrm{d} \ln L}{\mathrm{d} \lambda} = \frac{1}{\lambda} \sum_{i=1}^{n} x_i - n = 0,$$

由此得 λ 的最大似然估计量为

$$\hat{\lambda} = \frac{1}{n} \sum_{i=1}^{n} x_i = \bar{x}.$$

例 6.5　某电话交换台每分钟收到的呼唤次数服从参数为 λ 的泊松分布,今抽取一样本,得到数据如下:

16,　29,　　50,　68,　100,　130,　140,　270,　280,

340,　410,　　450,　520,620,　190,　210,　800,　1 100,

求 λ 的最大似然估计量.

　　解　由例 6.4 结果得 λ 的最大似然估计量为

$$\hat{\lambda} = \bar{x} = \frac{1}{18}(16 + 29 + \cdots + 800 + 1\ 100) = 318.$$

　　例 6.6　设总体 $X \sim N(\mu, \sigma^2)$,其中 μ, σ^2 皆是未知参数,$(x_1, x_2, \cdots, x_n)$ 为来自总体的一个样本值,求 μ, σ^2 的最大似然估计.

　　解　似然函数为

$$L = \prod_{i=1}^{n} \frac{1}{\sqrt{2\pi}\sigma} \exp\left[- \frac{(x_i - \mu)^2}{2\sigma^2} \right]$$

$$= (2\pi)^{-n/2}(\sigma^2)^{-n/2} \exp\left[- \frac{1}{2\sigma^2} \sum_{i=1}^{n}(x_i - \mu)^2 \right],$$

于是,

$$\ln L = - \frac{n}{2}\ln(2\pi) - \frac{n}{2}\ln\sigma^2 - \frac{1}{2\sigma^2} \sum_{i=1}^{n}(x_i - \mu)^2,$$

由式(6.3),得

$$\frac{\partial}{\partial\mu}\ln L = \frac{1}{\sigma^2}\left(\sum_{i=1}^{n} x_i - n\mu \right) = 0,$$

$$\frac{\partial}{\partial\sigma^2}\ln L = - \frac{n}{2\sigma^2} + \frac{1}{2(\sigma^2)^2} \sum_{i=1}^{n}(x_i - \mu)^2 = 0,$$

解出 μ, σ^2,得到最大似然估计量为

$$\hat{\mu} = \frac{1}{n} \sum_{i=1}^{n} x_i = \bar{x},$$

$$\hat{\sigma^2} = \frac{1}{n} \sum_{i=1}^{n}(x_i - \bar{x})^2.$$

　　例 6.7　设总体 X 的概率分布为

$$\begin{pmatrix} 0 & 1 & 2 & 3 \\ \theta^2 & 2\theta(1-\theta) & \theta^2 & 1-2\theta \end{pmatrix},$$

其中 $\theta\left(0 < \theta < \dfrac{1}{2}\right)$ 是未知参数,利用总体的如下样本值:

$$3, \quad 1, \quad 3, \quad 0, \quad 3, \quad 1, \quad 2, \quad 3,$$

求 θ 的矩估计量和最大似然估计量.

解　$EX = 3 - 4\theta$,令 $3 - 4\theta = \overline{x}$,得 θ 的矩估计量为 $\hat{\theta} = \dfrac{1}{4}(3 - \overline{x})$.

由样本值可得 $\overline{x} = 2$,则 θ 的矩估计量为 1/4.

似然函数为

$$L(\theta) = \prod_{i=1}^{8} P(X = x_i) = 4\theta^6 (1 - \theta)^2 (1 - 2\theta)^4,$$

从而

$$\ln L(\theta) = \ln 4 + 6\ln\theta + 2\ln(1 - \theta) + 4\ln(1 - 2\theta),$$

令 $\dfrac{\mathrm{d}\ln L(\theta)}{\mathrm{d}\theta} = \dfrac{6}{\theta} - \dfrac{2}{1 - \theta} - \dfrac{8}{1 - 2\theta} = 0$,解得 $\theta = \dfrac{7 \pm \sqrt{13}}{12}$.由于 $\dfrac{7 + \sqrt{13}}{12} > \dfrac{1}{2}$,舍

掉,得 θ 的最大似然估计量为 $\dfrac{7 - \sqrt{13}}{12}$.

例 6.8　设总体 X 服从 $[a, b]$ 上的均匀分布,$(x_1, \cdots, x_n)$ 为 X 的一组样本观测值.求 a, b 的最大似然估计量.

解　由 X 的密度函数为

$$p(x) = \begin{cases} \dfrac{1}{b - a}, & a \leqslant x \leqslant b, \\ 0, & \text{其他}, \end{cases}$$

可得似然函数为

$$L = \begin{cases} \dfrac{1}{(b - a)^n}, & a \leqslant x_i \leqslant b, i = 1, 2, \cdots, n, \\ 0, & \text{其他}. \end{cases}$$

可见 L 作为 a, b 的函数是不连续的,所以要根据最大似然估计的定义来做.为使 L 达到最大,$b - a$ 应尽可能地小,但 b 不能小于 $\max\{x_1, \cdots, x_n\}$,且 a 不能大于 $\min\{x_1, \cdots, x_n\}$,否则 L 将会为 0.因此 a, b 的最大似然估计量为

$$\begin{cases} \hat{a} = \min\{x_1, \cdots, x_n\}, \\ \hat{b} = \max\{x_1, \cdots, x_n\}. \end{cases}$$

6.1.3　估计量的评价标准

可以看出,有时一个参数的矩估计和最大似然估计是不同的,如例 6.8 中的均匀分布.这就存在着哪一个估计较好的问题.即使两种方法得出的估计量是相同的,如正态分布、泊松分布等,也同样存在着这个估计量本身的优良性问题.设 $\hat{\theta}(X_1, \cdots, X_n)$ 是未知参数 θ 的估计量,它是样本的函数,是一个随机变量.所谓 θ 的较好的估

计应该是在某种意义下最接近 θ 的.通常一个估计量的评价标准有以下三种:

1. 无偏性

如果 $\hat{\theta}(X_1,\cdots,X_n)$ 的数学期望等于未知参数 θ,即

$$E\hat{\theta}(X_1,\cdots,X_n) = \theta, \tag{6.4}$$

则称 $\hat{\theta}$ 是 θ 的无偏估计.

无偏性的含义是,用一个估计量去估计未知参数,由于估计量是一个随机变量,采用不同的样本,估计量有时偏高,有时偏低,但是平均来说应等于未知参数.

例 6.9　设从总体 X 中取的样本是 $(X_1,\cdots,X_n)$, $EX = \mu$, $DX = \sigma^2$,试证样本均值 $\overline{X}$ 和样本方差 $S^2 = \dfrac{1}{n-1}\sum\limits_{i=1}^{n}(X_i - \overline{X})^2$ 分别是 μ, σ^2 的无偏估计.

证明　$E\overline{X} = E\left(\dfrac{1}{n}\sum\limits_{i=1}^{n}X_i\right) = \dfrac{1}{n}\sum\limits_{i=1}^{n}EX_i = \dfrac{1}{n}n\mu = \mu,$

$D\overline{X} = D\left(\dfrac{1}{n}\sum\limits_{i=1}^{n}X_i\right) = \dfrac{1}{n^2}\sum\limits_{i=1}^{n}DX_i = \dfrac{1}{n}\sigma^2,$

$ES^2 = E\left[\dfrac{1}{n-1}\sum\limits_{i=1}^{n}(X_i - \overline{X})^2\right]$

$\quad = \dfrac{1}{n-1}E\left\{\sum\limits_{i=1}^{n}\left[(X_i - \mu) - (\overline{X} - \mu)\right]^2\right\}$

$\quad = \dfrac{1}{n-1}\sum\limits_{i=1}^{n}\left[E(X_i - \mu)^2 - 2E(X_i - \mu)(\overline{X} - \mu)\right.$

$\quad\quad \left. + E(\overline{X} - \mu)^2\right]$

$\quad = \dfrac{1}{n-1}\sum\limits_{i=1}^{n}\left(\sigma^2 - \dfrac{2}{n}\sigma^2 + \dfrac{1}{n}\sigma^2\right)$

$\quad = \sigma^2.$

应当指出,无偏性不是衡量估计量好坏的唯一标准.例如,设 $EX = \mu$,则 $EX_i = \mu(i = 1,\cdots,n)$,这表明,样本中任一分量 X_i 都是 μ 的无偏估计量.在 θ 的众多无偏估计中,自然应以对 θ 的平均偏差较小者为好,也就是说,一个较好的估计应当有尽可能小的方差,因此我们引进点估计的另一个评价标准.

2. 有效性

设 $\hat{\theta}_1$ 和 $\hat{\theta}_2$ 都是 θ 的无偏估计,如果

$$D\hat{\theta}_1 \leqslant D\hat{\theta}_2, \tag{6.5}$$

则称 $\hat{\theta}_1$ 较 $\hat{\theta}_2$ 有效.如果对于给定的样本容量 n,在 θ 的所有无偏估计中,$D\hat{\theta}$ 最小,则称 $\hat{\theta}$ 是 θ 的有效估计.

例如，$\overline{X}$ 和 X_i 都是 X 的期望 μ 的无偏估计，设 $DX = \sigma^2$，则

$$DX = \frac{1}{n}\sigma^2 \leqslant \sigma^2 = DX_i,$$

故样本均值 $\overline{X}$ 较样本 $(X_1, \cdots, X_n)$ 的任一分量 X_i 有效.

例 6.10　设总体 X 服从指数分布，其概率密度为

$$p(x) = \begin{cases} \dfrac{1}{\theta}\mathrm{e}^{-x/\theta}, & x > 0, \\ 0, & \text{其他}, \end{cases}$$

其中 $\theta > 0$ 为未知参数，$(X_1, \cdots, X_n)$ 是来自总体的一个样本，设 $Z = \min\{X_1, \cdots, X_n\}$，试证 $\overline{X}$ 和 nZ 都是参数 θ 的无偏估计量，且当 $n > 1$ 时，$\overline{X}$ 较 nZ 有效.

证明　由于 $EX = \theta$，所以 $E\overline{X} = \theta$，从而 $\overline{X}$ 是参数 θ 的无偏估计量.

$$F_Z(z) = P(Z \leqslant z) = 1 - P(Z > z) = 1 - \prod_{i=1}^{n} P(X_i > z)$$

$$= 1 - \mathrm{e}^{-\frac{nz}{\theta}} \quad (z > 0),$$

所以 $Z \sim E\left(\dfrac{n}{\theta}\right)$，从而 $EZ = \dfrac{\theta}{n}$，$E(nZ) = \theta$，即 nZ 也是参数 θ 的无偏估计量.

$D(X) = \theta^2$，所以 $D(\overline{X}) = \dfrac{\theta^2}{n}$，$D(nZ) = n^2 D(Z) = n^2\left(\dfrac{\theta}{n}\right)^2 = \theta^2$，当 $n > 1$ 时，

$$D(\overline{X}) = \frac{\theta^2}{n} < \theta^2 = D(nZ),$$

所以 $\overline{X}$ 较 nZ 有效.

应当指出，统计量 $\hat{\theta}(X_1, \cdots, X_n)$ 是与样本容量 n 有关的，为了明确起见，不妨记作 $\hat{\theta}_n$. 我们自然希望当 n 增加时，$\hat{\theta}_n$ 能充分地接近参数 θ，这样对 θ 的估计就会越精确，于是，引进点估计的第三个评价标准.

3. 一致性

若对任何 $\varepsilon > 0$，有

$$\lim_{n \to \infty} P(|\hat{\theta}_n - \theta| < \varepsilon) = 1, \tag{6.6}$$

则称 $\hat{\theta}_n$ 是 θ 的一致估计量.

例如，利用切比雪夫大数定律，可知 $\overline{X}$ 是总体均值 μ 的一致估计量；也可证明 S^2 也是总体方差 σ^2 的一致估计量.

6.2　区　间　估　计

一般地，我们估计一个未知量有两种方法，一种方法是用一个具体的数值，也

就是用数轴上的一个点去估计,就是上节介绍的点估计.另一种方法是用一个区间去估计,例如,估计某人年龄在 35 岁到 40 岁之间;某批产品的次品率在 1% 到 2% 之间,这类估计叫区间估计.

区间估计的长度越长,精度越低.如估计某城市人均月收入在 $800 \sim 1\,000$ 元之间比在 $700 \sim 1\,200$ 元之间精度要高.但区间越短,它包含真正的月收入的概率就小.这个概率就是区间估计的可靠度.可见精度和可靠度是相互矛盾的.在实际问题中,我们总是在保证一定的可靠度条件下,尽可能地提高精度.具体的做法是:找出两个统计量 $\hat{\theta}_1(X_1,\cdots,X_n)$ 和 $\hat{\theta}_2(X_1,\cdots,X_n)$,使

$$P[\hat{\theta}_1(X_1,\cdots,X_n) < \theta < \hat{\theta}_2(X_1,\cdots,X_n)] = 1 - \alpha, \tag{6.7}$$

区间 $(\hat{\theta}_1,\hat{\theta}_2)$ 称为 θ 的置信系数为 $1-\alpha$ 的置信区间,$\hat{\theta}_1$ 和 $\hat{\theta}_2$ 分别称为置信下限和置信上限,$1-\alpha$ 叫置信系数,也称为置信概率或置信度.式(6.7)的含义是随机区间 $(\hat{\theta}_1,\hat{\theta}_2)$ 包含真值 θ 的概率为 $1-\alpha$.实际应用中常取 $\alpha = 0.01, 0.05, 0.1$ 等.现在我们来讨论正态总体参数的区间估计.

6.2.1　单个正态总体均值的区间估计

1. 设总体 $X \sim N(\mu,\sigma^2)$,其中 μ 未知,σ^2 已知,求 μ 的置信系数为 $1-\alpha$ 的置信区间.

令

$$U = \frac{\overline{X} - \mu}{\sigma/\sqrt{n}}, \tag{6.8}$$

则由推论 5.1 知 $U \sim N(0,1)$,由 $u_{\alpha/2}$ 的定义知 $P(|U| < u_{\alpha/2}) = 1 - \alpha$,即

$$P\left(\left|\frac{\overline{X} - \mu}{\sigma/\sqrt{n}}\right| < u_{\alpha/2}\right) = 1 - \alpha,$$

$$P(\overline{X} - u_{\alpha/2}\sigma/\sqrt{n} < \mu < \overline{X} + u_{\alpha/2}\sigma/\sqrt{n}) = 1 - \alpha,$$

此式表明 μ 的置信系数为 $1-\alpha$ 的置信区间为

$$(\overline{X} - u_{\alpha/2}\sigma/\sqrt{n}, \overline{X} + u_{\alpha/2}\sigma/\sqrt{n}). \tag{6.9}$$

式(6.9)表明:

(1) 置信系数越大,α 越小,$u_{\alpha/2}$ 越大,这时区间估计的长度越长,精确度就越低;

(2) 样本容量 n 越大,区间估计的长度越短,精确度就越高.

例 6.11　某工厂生产一批滚球,其直径 $X \sim N(\mu,0.2^2)$,现随机地抽取 10 个,其直径为(单位:毫米)

　18.3,　17.5,　18.1,　17.7,　17.9,　18.5,　18,　18.1,　17.8,　17.9,

求直径均值 μ 的置信系数为 0.95 的置信区间.

解　依题意 $1 - \alpha = 0.95, \alpha = 0.05, n = 10, \sigma = 0.2$,查表可得 $u_{\alpha/2} = 1.96$, $u_{\alpha/2}\sigma/\sqrt{n} = 0.124$,由样本数据可以计算得 $\overline{x} = 17.98$,由式(6.9),μ 的置信系数为 0.95 的置信区间为

$$(17.98 - 0.124, 17.98 + 0.124) = (17.856, 18.104).$$

需要注意的是,当样本产生后区间 $(17.856, 18.104)$ 不再是随机区间,它要么包含 μ,要么不包含 μ,置信系数似乎没有什么意义.这里的置信系数 0.95 是指重复多次抽样,就会构造出多个区间,这么多个区间中大约有 95% 是包含 μ 的.

2. 设总体 $X \sim N(\mu, \sigma^2)$,其中 μ, σ^2 皆未知,求 μ 的置信系数为 $1 - \alpha$ 的置信区间.

由于 σ^2 未知,我们用 σ^2 的无偏估计 S^2 来代替,令

$$T = \frac{\overline{X} - \mu}{S/\sqrt{n}}, \tag{6.10}$$

由推论 5.2 知 $T \sim t(n - 1)$,同样由

$$P\left[\mid T \mid < t_{\alpha/2}(n - 1)\right] = 1 - \alpha,$$

不难得到 μ 的置信系数为 $1 - \alpha$ 的置信区间为

$$(\overline{X} - t_{\alpha/2}(n - 1)S/\sqrt{n}, \overline{X} + t_{\alpha/2}(n - 1)S/\sqrt{n}). \tag{6.11}$$

例 6.12　设有一组来自正态总体 $N(\mu, \sigma^2)$ 的样本观测值:

　　$0.497, 0.506, 0.518, 0.524, 0.488, 0.510, 0.510, 0.515, 0.512$,

求 μ 的置信系数为 0.99 的置信区间.

解　依题意 $1 - \alpha = 0.99, \alpha = 0.01, n = 9$,查表可得 $t_{\alpha/2}(8) = 3.355\,4$,由样本数据可以计算得 $\overline{x} = 0.508\,9, S = 0.010\,9, t_{\alpha/2}(n - 1)S/\sqrt{n} = 0.012\,2$,由式(6.11),$\mu$ 的置信系数为 0.99 的置信区间为

$$(0.508\,9 - 0.012\,2, 0.508\,9 + 0.012\,2) = (0.496\,7, 0.521\,1).$$

6.2.2　单个正态总体方差和标准差的区间估计

设总体 $X \sim N(\mu, \sigma^2)$,其中 μ, σ^2 皆未知,求 σ^2 的置信系数为 $1 - \alpha$ 的置信区间.

令

$$\chi^2 = \frac{1}{\sigma^2}\sum_{i=1}^{n}(X_i - \overline{X})^2 = \frac{(n - 1)S^2}{\sigma^2}, \tag{6.12}$$

由定理 5.5 知 $\chi^2 \sim \chi^2(n - 1)$,由分位数的定义不难得到

$$P\left[\chi_{1-\alpha/2}^2(n - 1) < \chi^2 < \chi_{\alpha/2}^2(n - 1)\right] = 1 - \alpha,$$

即

$$P\left(\frac{\sum\limits_{i=1}^{n}(X_i-\overline{X})^2}{\chi^2_{\alpha/2}(n-1)}<\sigma^2<\frac{\sum\limits_{i=1}^{n}(X_i-\overline{X})^2}{\chi^2_{1-\alpha/2}(n-1)}\right)=1-\alpha,$$

所以 σ^2 的置信系数为 $1-\alpha$ 的置信区间为

$$\left(\frac{\sum\limits_{i=1}^{n}(X_i-\overline{X})^2}{\chi^2_{\alpha/2}(n-1)},\frac{\sum\limits_{i=1}^{n}(X_i-\overline{X})^2}{\chi^2_{1-\alpha/2}(n-1)}\right),\tag{6.13}$$

从而标准差 σ 的置信系数为 $1-\alpha$ 的置信区间为

$$\left(\sqrt{\frac{\sum\limits_{i=1}^{n}(X_i-\overline{X})^2}{\chi^2_{\alpha/2}(n-1)}},\sqrt{\frac{\sum\limits_{i=1}^{n}(X_i-\overline{X})^2}{\chi^2_{1-\alpha/2}(n-1)}}\right).\tag{6.14}$$

例 6.13　铜丝的折断力服从正态分布.从一批铜丝中任取 9 根,测试其折断力,得数据如下:

$$600,\ 612,\ 598,\ 583,\ 609,\ 607,\ 592,\ 588,\ 593,$$

求方差 σ^2 和标准差 σ 的置信区间($\alpha=0.05$).

解　根据样本可以计算得 $\overline{x}=598$,$S^2=98.5$,从而 $\sum\limits_{i=1}^{n}(x_i-\overline{x})^2=(n-1)S^2=788$,查表得 $\chi^2_{0.975}(8)=2.18$,$\chi^2_{0.025}(8)=17.5$,由公式(6.13)和(6.14)可得方差 σ^2 的置信区间为 $\left(\dfrac{788}{17.5},\dfrac{788}{2.18}\right)$,即$(45.03,361.47)$,而标准差 σ 的置信区间为$(6.71,19.01)$.

6.2.3　两个正态总体均值差和方差比的区间估计

设总体 $X\sim N(\mu_1,\sigma_1^2)$,$\mu_1,\sigma_1^2$ 皆未知,从中抽取容量为 n_1 的样本$(X_1,\cdots,X_{n_1})$.又设总体 $Y\sim N(\mu_2,\sigma_2^2)$,$\mu_2,\sigma_2^2$ 皆未知,从中抽取容量为 n_2 的样本$(Y_1,\cdots,Y_{n_2})$,且两样本独立.

1. 两个正态总体均值差 $\mu_1-\mu_2$ 的区间估计

设 $\sigma_1^2=\sigma_2^2=\sigma^2$,但 σ^2 未知,令

$$T=\frac{(\overline{X}-\overline{Y})-(\mu_1-\mu_2)}{S_\omega\sqrt{\dfrac{1}{n_1}+\dfrac{1}{n_2}}},\tag{6.15}$$

其中 $\overline{X},\overline{Y},S_\omega$ 的定义和推论5.4中给出的相同,由该推论知 $T\sim t(n_1+n_2-2)$,从而

$$P[\,|\,T\,|<t_{\alpha/2}(n_1+n_2-2)]=1-\alpha,\tag{6.16}$$

由式(6.15),(6.16)可以算出 $\mu_1-\mu_2$ 的置信系数为 $1-\alpha$ 的置信区间为

$$\left(\overline{X} - \overline{Y} - t_{\alpha/2}(n_1 + n_2 - 2)S_\omega \sqrt{\frac{1}{n_1} + \frac{1}{n_2}},\right.$$

$$\left. \overline{X} - \overline{Y} + t_{\alpha/2}(n_1 + n_2 - 2)S_\omega \sqrt{\frac{1}{n_1} + \frac{1}{n_2}}\right). \tag{6.17}$$

例 6.14 甲乙两组生产同种导线,现从甲组生产的导线中随机抽取 4 根,从乙组生产的导线中随机抽取 5 根,它们的电阻值(单位:欧姆)见表 6.1.

表 6.1

甲组	0.143	0.142	0.143	0.137	
乙组	0.140	0.142	0.136	0.138	0.140

假设两组电阻值分别服从正态分布 $N(\mu_1, \sigma^2)$ 和 $N(\mu_2, \sigma^2)$,σ^2 未知.求 $\mu_1 - \mu_2$ 的置信系数为 0.95 的置信区间.

解 由样本得 $\overline{X} = 0.141\,25, S_1^2 = 0.000\,008\,25, \overline{Y} = 0.139\,2, S_2^2 = 0.000\,005\,2$,所以

$$S_\omega = \sqrt{\frac{3 \times 0.000\,008\,25 + 4 \times 0.000\,005\,2}{4 + 5 - 2}} = 0.002\,550\,91,$$

$n_1 = 4, n_2 = 5$,故自由度为 7,查表得 $t_{0.025}(7) = 2.36$,由式(6.17)知 $\mu_1 - \mu_2$ 的置信系数为 0.95 的置信区间为 $(-0.002, 0.006)$.

2. 两个正态总体方差比 σ_1^2/σ_2^2 的区间估计

设 $X \sim N(\mu_1, \sigma_1^2)$,$Y \sim N(\mu_2, \sigma_2^2)$,$\mu_1, \mu_2, \sigma_1^2, \sigma_2^2$ 皆未知,求 σ_1^2/σ_2^2 的置信系数为 $1 - \alpha$ 的置信区间.

令

$$F = \frac{S_1^2/S_2^2}{\sigma_1^2/\sigma_2^2}, \tag{6.18}$$

由推论 5.3 知 $F \sim F(n_1 - 1, n_2 - 1)$.由分位数的定义不难得到

$$P\left[F_{1-\alpha/2}(n_1 - 1, n_2 - 1) < F < F_{\alpha/2}(n_1 - 1, n_2 - 1)\right] = 1 - \alpha, \tag{6.19}$$

由式(6.18),(6.19)得 σ_1^2/σ_2^2 的置信系数为 $1 - \alpha$ 的置信区间为

$$\left(\frac{S_1^2/S_2^2}{F_{\alpha/2}(n_1 - 1, n_2 - 1)}, \frac{S_1^2/S_2^2}{F_{1-\alpha/2}(n_1 - 1, n_2 - 1)}\right). \tag{6.20}$$

例 6.15 在例 6.14 中,若假设两组电阻值分别服从正态分布 $N(\mu_1, \sigma_1^2)$ 和 $N(\mu_2, \sigma_2^2)$,求 σ_1^2/σ_2^2 的置信系数为 0.95 的置信区间.

解 $S_1^2 = 0.000\,008\,25, S_2^2 = 0.000\,005\,2, \alpha = 0.05$,查表得

$$F_{0.025}(3,4) = 9.98, \quad F_{0.975}(3,4) = \frac{1}{F_{0.025}(4,3)} = \frac{1}{15.1} = 0.066\,2,$$

由公式(6.20)知 σ_1^2/σ_2^2 的置信系数为 0.95 的置信区间为 $(0.159, 23.957)$.

习 题 6

1. 证明在样本的一切线性组合中,$\bar{X}$ 是总体期望值的无偏估计中的有效的估计量.

2. 已知某种木材的横纹抗压力服从正态分布,今从一批这种木材中,随机地抽 10 根样品,测得它们的抗压值(单位:千克／厘米²)为

$$482,\ 493,\ 457,\ 471,\ 510,\ 446,\ 435,\ 418,\ 394,\ 469,$$

试求这批木材均值和方差的无偏估计值.

3. 求例 6.8 中 a,b 的矩估计量.

4. 设总体 X 的概率密度为 $f(x) = \begin{cases} (\theta + 1)x^\theta, & 0 < x < 1, \\ 0, & \text{其他}, \end{cases}$ $(X_1,\cdots,X_n)$ 是来自总体 X 的一个样本,求未知参数 θ 的矩估计量与最大似然估计量.

5. 设 X 服从指数分布,其概率密度为 $f(x;\lambda) = \begin{cases} \lambda e^{-\lambda x}, & x \geqslant 0, \\ 0, & x < 0, \end{cases}$ $\lambda > 0,(X_1,\cdots,X_n)$ 是来自总体 X 的一个样本,求未知参数 λ 的矩估计量与最大似然估计量.

6. 总体 X 具有概率密度 $f(x) = \begin{cases} \dfrac{3x^2}{\theta^3}, & 0 < x < \theta, \\ 0, & \text{其他}, \end{cases}$ $(X_1,\cdots,X_n)$ 是来自总体 X 的一个样本,未知参数 $\theta > 0$,求 θ 的矩估计量.

7. 设总体 X 具有概率密度为

$$f(x;\lambda) = \begin{cases} \lambda \alpha x^{\alpha-1} e^{-\lambda x^\alpha}, & x > 0, \\ 0, & x \leqslant 0, \end{cases}$$

其中 $\lambda > 0$ 是未知参数,$\alpha > 0$ 是已知常数,试根据来自总体 X 的简单随机样本 $(X_1,X_2,\cdots,X_n)$,求 λ 的最大似然估计量.

8. 设总体 X 服从几何分布

$$P(X = k) = p(1 - p)^{k-1} \quad (k = 1,2,\cdots,\ 0 < p < 1),$$

$(X_1,\cdots,X_n)$ 是来自总体 X 的一个样本,求参数 p 的最大似然估计量.

9. 设某种元件的使用寿命 X 的概率密度为

$$f(x;\theta) = \begin{cases} 2e^{-2(x-\theta)}, & x \geqslant \theta, \\ 0, & x < \theta, \end{cases}$$

其中 $\theta > 0$ 为未知参数.又设 $(x_1,\cdots,x_n)$ 是 X 的一组样本观察值,求参数 θ 的最大似然估计值.

10. 设总体 X 的概率密度为

$$f(x;\theta) = \begin{cases} 2e^{-2(x-\theta)}, & x \geqslant \theta, \\ 0, & x < \theta, \end{cases}$$

其中 $\theta > 0$ 为未知参数.从总体中抽取简单随机样本 $(X_1,\cdots,X_n)$,记 $\hat{\theta} = \min(X_1,\cdots,X_n)$.

(1) 求总体 X 的分布函数 $F(x)$;

(2) 求统计量 $\hat{\theta}$ 的分布函数 $F_\theta(x)$；

(3) 如果用 $\hat{\theta}$ 作为 θ 的估计量，讨论它是否具有无偏性．

11. 已知总体 X 的分布函数为

$$F(x;\beta) = \begin{cases} 1 - \dfrac{1}{x^\beta}, & x > 1 \\ 0, & x \leqslant 1, \end{cases}$$

其中 $\beta > 1$ 为未知参数，$(X_1, X_2, \cdots, X_n)$ 是来自 X 的样本，求：

(1) β 的矩估计量；

(2) β 的最大似然估计量．

12. 已知总体 X 的分布函数为

$$F(x;\alpha,\beta) = \begin{cases} 1 - \left(\dfrac{\alpha}{x}\right)^\beta, & x > \alpha, \\ 0, & x \leqslant \alpha, \end{cases}$$

其中参数 $\alpha > 0, \beta > 1$，$(X_1, X_2, \cdots, X_n)$ 是来自 X 的样本．

(1) 当 $\alpha = 1$ 时，求未知参数 β 的矩估计量；

(2) 当 $\alpha = 1$ 时，求未知参数 β 的最大似然估计量；

(3) 当 $\beta = 2$ 时，求未知参数 α 的最大似然估计量．

13. 设总体 X 的概率密度为

$$f(x;\theta) = \begin{cases} \lambda^2 x \mathrm{e}^{-\lambda x}, & x \geqslant 0, \\ 0, & x < 0, \end{cases}$$

其中参数 $\lambda > 0$ 未知，$(X_1, X_2, \cdots, X_n)$ 是来自 X 的简单随机样本．

(1) 求参数 λ 的矩估计量；

(2) 求参数 λ 的最大似然估计量．

14. 设 $(X_1, X_2, \cdots, X_n)$ 是来自总体 $X \sim N(\mu, \sigma^2)$ 的简单随机样本．记 $T = \overline{X}^2 - \dfrac{1}{n}S^2$，

(1) 证明 T 是 μ^2 的无偏估计量；

(2) 当 $\mu = 0, \sigma = 1$ 时，求 $D(T)$．

15. 设总体 X 的概率密度为

$$f(x) = \begin{cases} \dfrac{1}{2\theta}, & 0 < x < \theta, \\ \dfrac{1}{2(1-\theta)}, & \theta \leqslant x < 1, \\ 0, & 其他, \end{cases}$$

其中参数 $0 < \theta < 1$ 未知，$(X_1, X_2, \cdots, X_n)$ 是来自总体 X 的简单随机样本，$\overline{X}$ 为样本均值．

(1) 求参数 θ 的矩估计量 $\hat{\theta}$；

(2) 判断 $4\overline{X}^2$ 是否为 θ^2 的无偏估计量，并说明理由．

16. 设总体 X 的概率密度为

$$f(x;\theta) = \begin{cases} \theta, & 0 < x < 1, \\ 1 - \theta, & 1 \leqslant x < 2, \\ 0, & 其他, \end{cases}$$

其中参数 $0 < \theta < 1$ 未知，$(X_1, X_2, \cdots, X_n)$ 是来自总体 X 的简单随机样本，记 N 为样本值 $(x_1, x_2, \cdots, x_n)$ 中小于 1 的个数．求 θ 的最大似然估计．

17. 设总体 X 服从拉普拉斯分布，其概率密度为

$$\varphi(x; \theta) = \frac{1}{2\theta} e^{-\frac{|x|}{\theta}} \quad (-\infty < x < +\infty),$$

其中 $\theta > 0$，$(X_1, X_2, \cdots, X_n)$ 是来自总体 X 的样本．求 θ 的最大似然估计．

18. 在例 6.6 中，若 μ 已知，求 σ^2 的最大似然估计．

19. 设 $(X_1, X_2, \cdots, X_n)$ 是取自总体 X 的一个样本，试求 K 值，使得统计量 $K \sum\limits_{i=1}^{n-1} (X_{i+1} - X_i)^2$ 为总体方差 σ^2 的无偏估计量．

20. 设总体 X 的均值 μ 未知，(X_1, X_2, X_3) 设取自总体的样本，试证：

(1) $\hat{\mu}_1 = \frac{2}{5} X_1 + \frac{1}{5} X_2 + \frac{2}{5} X_3, \hat{\mu}_2 = \frac{1}{6} X_1 + \frac{1}{3} X_2 + \frac{1}{2} X_3, \hat{\mu}_3 = \frac{1}{7} X_1 + \frac{3}{14} X_2 + \frac{9}{14} X_3$，

都是 μ 的无偏估计量；

(2) 比较 $\hat{\mu}_1, \hat{\mu}_2, \hat{\mu}_3$ 的有效性．

21. 设 $\hat{\theta}_1$ 和 $\hat{\theta}_2$ 为参数 θ 的两个独立的无偏估计量，且假定 $D\hat{\theta}_1 = 2D\hat{\theta}_2$，求常数 c 和 d，使 $\hat{\theta} = c\hat{\theta}_1 + d\hat{\theta}_2$ 为 θ 的无偏估计，并使方差 $D\hat{\theta}$ 最小．

22. 从某厂生产的一批钢球中任意抽取 6 个，测得其直径（单位：毫米）为

$$14.70, \ 15.21, \ 14.90, \ 14.91, \ 15.32, \ 15.31,$$

如果这批钢球的直径服从正态分布，并且已知其方差为 0.25，试求直径均值的置信度为 0.95 的置信区间．

23. 设有一组来自正态总体 $N(\mu, \sigma^2)$ 的样本观测值：

$$0.497, \ 0.506, \ 0.518, \ 0.524, \ 0.488, \ 0.510, \ 0.510, \ 0.515, \ 0.512,$$

求 μ 的置信度为 0.95 的置信区间．

24. 从一批零件中任意抽取 9 个，测得其长度（单位：毫米）为

$$21.1, \ 21.3, \ 21.4, \ 21.5, \ 21.3, \ 21.7, \ 21.4, \ 21.3, \ 21.6,$$

假如这些数据是正态总体的一组样本值，试求零件长度方差 σ^2 的置信度为 0.99 的置信区间．

25. 用两台机床生产同一型号的滚珠，从第一台机床生产的滚珠中任意抽取 8 个，从第二台机床生产的滚珠中任意抽取 9 个，测得它们的直径（单位：毫米）为

第一台：15.0, 14.8, 15.2, 15.4, 14.9, 15.1, 15.2, 14.8,

第二台：15.2, 15.0, 14.8, 15.1, 15.0, 14.6, 14.8, 15.1, 14.5,

若两台机床生产的滚珠直径均服从正态分布．

(1) 假设两总体的方差相等，试求两台机床生产的滚珠直径均值之差的置信系数为 0.90 的置信区间；

(2) 求两台机床生产的滚珠直径的方差比 σ_1^2 / σ_2^2 的置信系数为 0.90 的置信区间．

26. 某厂分别从两条流水生产线上抽取样本：$X_1, X_2, \cdots, X_{12}$ 及 $Y_1, Y_2, \cdots, Y_{17}$，测得 $\overline{X} = 10.6$（克），$\overline{Y} = 9.5$（克），$S_1^2 = 2.4, S_2^2 = 4.7$，设两个正态总体的均值分别为 μ_1 和 μ_2，且有相同方差，试求 $\mu_1 - \mu_2$ 的置信度为 95% 的置信区间．

27. 设总体 $X \sim N(\mu_1, \sigma_1^2)$ 与 $Y \sim N(\mu_2, \sigma_2^2)$ 相互独立,从 X 中抽取 $n_1 = 21$ 的样本,得 $S_1^2 = 63.96$;从 Y 中抽取 $n_2 = 16$ 的样本,得 $S_2^2 = 49.05$,试求两总体方差比 σ_1^2/σ_2^2 的置信系数为 95% 的置信区间.

28. 为了解灯泡使用时数均值 μ 及标准差 σ,测量了 10 个灯泡,得 $\overline{x} = 1\,650$ 小时,$S = 20$ 小时.如果已知灯泡使用时间服从正态分布,求 μ 和 σ 的 95% 的置信区间.

29. 对方差 σ^2 为已知的正态总体来说,问需取容量 n 为多大的样本,才能使总体均值 μ 的置信水平为 $1 - \alpha$ 的置信区间的长度不大于 l?

30. 设总体 $X \sim N(\mu, 9)$,$(X_1, X_2, \cdots, X_n)$ 为来自 X 的样本,欲使 μ 的 $1 - \alpha$ 的置信区间的长度不超过 2.问在以下两种情况下样本容量至少应取多少?

(1) $\alpha = 0.1$ 时;

(2) $\alpha = 0.01$ 时.

第7章　假设检验

统计假设检验是统计推断的另一个核心内容.数理统计中称有关总体分布的论断为统计假设.统计假设检验就是根据来自总体的样本来判断统计假设是否成立.例如:我们根据以往经验判断某地区人均年收入为 8 000 元,这个判断就是统计假设;那么这个假设是否成立?抽取一定量的样本,通过样本数据来检验,这就是统计假设检验.假设检验在理论研究和实际应用上都占有重要地位.本章主要介绍假设检验的基本概念和正态总体假设检验方法.

7.1　假设检验的基本概念

关于总体分布的论断有两种形式.一种是关于总体分布类型的论断,称为**非参数假设**;另一种是分布类型已知,关于该分布中未知参数的论断,称为**参数假设**.对一个样本进行考察,从而决定它能否合理地被认为与假设相符,这一过程叫做**假设检验**.本章只涉及参数假设的假设检验.

7.1.1　问题的提出

我们通过一个例子来引出假设检验的一些重要概念.

例 7.1　从某地区 2002 年的新生儿中随机抽取 20 个,测得其平均体重为 3 160 克,样本标准差为 300 克,根据过去的统计资料,新生儿平均体重为 3 140 克.设新生儿体重服从正态分布.问 2002 年的新生儿体重与过去有无显著差异?

用随机变量 X 来表示新生儿体重,则根据假设有 $X \sim N(\mu, \sigma^2)$,问题是我们想通过样本来判断总体均值 μ 是否等于 3 140 克,统计上表述为

$$H_0 : \mu = 3\,140,$$

称此假设为**零假设**或**原假设**.判断结果或者是接受该假设,或者拒绝该假设,如出现后者,就得到该假设的对立面

$$H_1 : \mu \neq 3\,140,$$

称为**备择假设**或**对立假设**.上述假设检验问题常记为

$$H_0 : \mu = 3\,140 \leftrightarrow H_1 : \mu \neq 3\,140.$$

7.1.2　显著性检验

从统计资料看,过去的新生儿平均体重为 3 140 克,2002 年的样本新生儿平均体重为 3 160 克,有 20 克的差异,这 20 克差异可能产生于不同的情况,一是 2002 年的新生儿体重与过去无差异,20 克的差异是由抽样的随机性造成的;另一种情况是抽样的随机性不可能造成 20 克这样大的差异,2002 年的新生儿体重与过去确实有差异.所以问题的关键是 20 克的差异能否用抽样的随机性来解释.

样本均值是总体均值的良好估计,若 $\mu = 3\,140$,$|\overline{X} - 3\,140|$ 应该比较小,我们应该设立一个合理的界限 C,当 $|\overline{X} - 3\,140| < C$ 时,我们接受原假设 H_0,这个差异可以用抽样的随机性来解释;当 $|\overline{X} - 3\,140| \geqslant C$ 时,我们拒绝原假设 H_0,这个差异就不再能用抽样的随机性来解释了.这里的问题是如何确定常数 C?

由推论 5.2 知

$$T = \frac{\overline{X} - \mu}{S/\sqrt{n}} \sim t(n-1),$$

如取 $\alpha = 0.01$,　$P[|T| \geqslant t_{0.005}(n-1)] = \alpha = 0.01$,如果 $|T|$ 的观察值 $|t| \geqslant t_{0.005}(n-1)$,则表明小概率事件 $\{|T| \geqslant t_{0.005}(n-1)\}$ 发生了,而根据小概率事件的实际不可能原理,即在一次试验中小概率事件通常是不发生的,可以认为 H_0 是不合理的,所以称 $\{|t| \geqslant t_{0.005}(n-1)\}$ 为拒绝域.反之,如果 $|t| < t_{0.005}(n-1)$,则没有充分理由拒绝 H_0,从而接受.这就是**显著性检验**.对于本例,$n = 20, t_{0.005}(19) = 2.861$,而

$$t = \frac{\overline{x} - 3\,140}{s/\sqrt{20}} = 0.298,$$

即 $|t| < 2.861$,故不能拒绝 H_0,即认为 2002 年的新生儿体重与过去没有显著差异.

注意 $|T| \geqslant t_{0.005}(n-1)$ 等价于 $|\overline{X} - \mu| \geqslant t_{0.005}(n-1)S/\sqrt{n}$,即

$$C = t_{0.005}(n-1)S/\sqrt{n},$$

以后我们就只根据 $|t|$ 的样本值作判断.

7.1.3　两类错误

如前所说,显著性检验是根据小概率事件的实际不可能原理进行判断的,然而,由于小概率事件即使其概率很小,还是可能发生的,因此,利用上述方法进行假设检验,仍有可能作出错误的判断,有两种情况:

1. 原假设 H_0 实际上是正确的,但检验结果却错误地拒绝了它,这是犯了"弃

真"错误,通常称为第一类错误.

2. 原假设 H_0 实际上是不正确的,但检验结果却错误地接受了它,这是犯了"纳伪"错误,通常称为第二类错误.

由于样本是随机的,所以,我们总是以一定的概率犯以上两类错误. 在统计学中,我们把犯第一类错误的概率 α 称为假设检验的**显著性水平**,简称**水平**. 自然,人们希望犯这两类错误的概率越小越好,但对于给定的样本容量 n,不能同时做到减少犯两类错误的概率,所以往往先固定犯第一类错误的概率的上限,再选择犯第二类错误概率较小的检验.

7.2 单个正态总体的假设检验

设总体 $X \sim N(\mu, \sigma^2)$,$(X_1, \cdots, X_n)$ 是来自总体 X 的样本,α 为显著性水平.

7.2.1 均值 μ 的检验

1. 方差 σ^2 已知,均值 μ 的检验

检验问题为

$$H_0 : \mu = \mu_0 \leftrightarrow H_1 : \mu \neq \mu_0,$$

由推论 5.1 知,当 H_0 成立时,

$$U = \frac{\overline{X} - \mu_0}{\sigma / \sqrt{n}} \sim N(0,1),$$

从而

$$P(\mid U \mid \geqslant u_{\alpha/2}) = \alpha,$$

所以拒绝域可取 $\{\mid u \mid \geqslant u_{\alpha/2}\}$.

例 7.2 已知某碳铁厂铁水含碳量服从正态分布 $N(4.55, 0.108^2)$,现在测定了 9 炉铁水,其平均含碳量为 4.484,如果估计方差没有变化,可否认为现在生产的铁水平均含碳量为 4.55?($\alpha = 0.05$.)

解 检验问题为

$$H_0 : \mu = 4.55 \leftrightarrow H_1 : \mu \neq 4.55,$$

$\alpha = 0.05$,查表 $u_{0.025} = 1.96$,由 $\sigma = 0.108, \overline{x} = 4.484, n = 9$,可以计算

$$\mid u \mid = \mid \frac{4.484 - 4.55}{0.108/3} \mid = 1.83 < 1.96,$$

所以接受 H_0,即可以认为现在生产的铁水平均含碳量为 4.55.

2. 方差 σ^2 未知,均值 μ 的检验

检验问题为

$$H_0 : \mu = \mu_0 \leftrightarrow H_1 : \mu \neq \mu_0,$$

由推论 5.2 知,当 H_0 成立时,

$$T = \frac{\overline{X} - \mu_0}{S/\sqrt{n}} \sim t(n-1),$$

从而

$$P[\mid T \mid \geqslant t_{\alpha/2}(n-1)] = \alpha,$$

所以拒绝域可取 $\{\mid t \mid \geqslant t_{\alpha/2}(n-1)\}$.

例 7.3　设某次考试的考生成绩服从正态分布,从中随机地抽取 25 位考生的成绩,算得平均成绩为 66.5 分,样本标准差为 15 分,是否可以认为这次考试全体考生的平均成绩为 70 分?($\alpha = 0.05$.)

解　检验问题为

$$H_0 : \mu = 70 \leftrightarrow H_1 : \mu \neq 70,$$

$\alpha = 0.05, n = 25$,查表 $t_{0.025}(24) = 2.06$,由 $\overline{x} = 66.5$ 可以计算

$$\mid t \mid = \left| \frac{66.5 - 70}{15/5} \right| = 1.167 < 2.06,$$

所以接受 H_0,即可以认为这次考试全体考生的平均成绩为 70 分.

关于均值的假设检验问题还有以下两种:

$$H_0 : \mu = \mu_0 \leftrightarrow H_1 : \mu > \mu_0 ;$$
$$H_0 : \mu = \mu_0 \leftrightarrow H_1 : \mu < \mu_0 .$$

类似地可以讨论其检验方法,如表 7.1.

表 7.1　单个正态总体均值的检验

条件	原假设 H_0	备择假设 H_1	统计量及其分布	显著性水平 α 下的拒绝域
σ^2 已知	$\mu = \mu_0$	$\mu \neq \mu_0$	$U = \dfrac{\overline{X} - \mu_0}{\sigma/\sqrt{n}} \sim N(0,1)$	$\mid u \mid \geqslant u_{\alpha/2}$
σ^2 已知	$\mu = \mu_0$	$\mu > \mu_0$	$U = \dfrac{\overline{X} - \mu_0}{\sigma/\sqrt{n}} \sim N(0,1)$	$u \geqslant u_{\alpha}$
σ^2 已知	$\mu = \mu_0$	$\mu < \mu_0$	$U = \dfrac{\overline{X} - \mu_0}{\sigma/\sqrt{n}} \sim N(0,1)$	$u \leqslant - u_{\alpha}$
σ^2 未知	$\mu = \mu_0$	$\mu \neq \mu_0$	$T = \dfrac{\overline{X} - \mu_0}{S/\sqrt{n}} \sim t(n-1)$	$\mid t \mid \geqslant t_{\alpha/2}(n-1)$
σ^2 未知	$\mu = \mu_0$	$\mu > \mu_0$	$T = \dfrac{\overline{X} - \mu_0}{S/\sqrt{n}} \sim t(n-1)$	$t \geqslant t_{\alpha}(n-1)$
σ^2 未知	$\mu = \mu_0$	$\mu < \mu_0$	$T = \dfrac{\overline{X} - \mu_0}{S/\sqrt{n}} \sim t(n-1)$	$t \leqslant - t_{\alpha}(n-1)$

7.2.2 方差 σ^2 的检验

检验问题为

$$H_0 : \sigma^2 = \sigma_0^2 \leftrightarrow H_1 : \sigma^2 \neq \sigma_0^2,$$

由定理 5.5 知, 当 H_0 成立时,

$$\chi^2 = \frac{(n-1)S^2}{\sigma_0^2} \sim \chi^2(n-1),$$

从而

$$P\left[\chi^2 \leqslant \chi_{1-\alpha/2}^2(n-1) \text{ 或 } \chi^2 \geqslant \chi_{\alpha/2}^2(n-1)\right] = \alpha,$$

所以拒绝域可取 $\{\chi^2 \leqslant \chi_{1-\alpha/2}^2(n-1)\} \bigcup \{\chi^2 \geqslant \chi_{\alpha/2}^2(n-1)\}$.

例 7.4 某公司生产的发动机部件的直径服从正态分布. 该公司称它的标准差 $\sigma = 0.048$ 厘米, 现随机抽取 5 个部件, 测得它们直径为

$$1.32, \quad 1.55, \quad 1.36, \quad 1.40, \quad 1.44,$$

问我们能否认为该公司生产的发动机部件的直径的标准差确实为 $\sigma = 0.048$ 厘米? ($\alpha = 0.05$.)

解 检验问题为

$$H_0 : \sigma^2 = 0.048^2 \leftrightarrow H_1 : \sigma^2 \neq 0.048^2,$$

这里 $n = 5, \alpha = 0.05, \chi_{0.025}^2(4) = 11.14, \chi_{0.975}^2(4) = 0.484$, 由样本可得 $S^2 = 0.007\,78$, 从而

$$\chi^2 = \frac{4 \times 0.007\,78}{0.048^2} = 13.51 > 11.14,$$

所以应该拒绝 H_0, 即认为该公司生产的发动机部件的直径的标准差不是 0.048 厘米.

关于方差的假设检验问题还有以下两种:

$$H_0 : \sigma^2 = \sigma_0^2 \leftrightarrow H_1 : \sigma^2 > \sigma_0^2;$$
$$H_0 : \sigma^2 = \sigma_0^2 \leftrightarrow H_1 : \sigma^2 < \sigma_0^2,$$

类似地, 可以讨论其检验方法, 如表 7.2.

表 7.2 单个正态总体方差的检验

条件	原假设 H_0	备择假设 H_1	统计量及其分布	显著性水平 α 下的拒绝域
μ 未知	$\sigma^2 = \sigma_0^2$	$\sigma^2 = \sigma_0^2$	$\chi^2 = \dfrac{(n-1)S^2}{\sigma_0^2} \sim \chi^2(n-1)$	$\{\chi^2 \leqslant \chi_{1-\alpha/2}^2(n-1)\} \bigcup$ $\{\chi^2 \geqslant \chi_{\alpha/2}^2(n-1)\}$
μ 未知	$\sigma^2 = \sigma_0^2$	$\sigma^2 > \sigma_0^2$	$\chi^2 = \dfrac{(n-1)S^2}{\sigma_0^2} \sim \chi^2(n-1)$	$\chi^2 \geqslant \chi_{\alpha}^2(n-1)$
μ 未知	$\sigma^2 = \sigma_0^2$	$\sigma^2 < \sigma_0^2$	$\chi^2 = \dfrac{(n-1)S^2}{\sigma_0^2} \sim \chi^2(n-1)$	$\chi^2 \leqslant \chi_{1-\alpha}^2(n-1)$

例 7.5 自动装罐机装罐头食品,规定罐头净重的标准差不能超过 5 克,不然的话,必须停工检修机器.现检查 10 罐,测量并计算得净重的样本标准差为 5.5 克,假设罐头的净重服从正态分布,问机器工作是否正常?($\alpha = 0.05$.)

解 检验问题为

$$H_0 : \sigma^2 = 5^2 \leftrightarrow H_1 : \sigma^2 > 5^2,$$

这里 $n = 10, \alpha = 0.05, \chi^2_{0.05}(9) = 16.9$,从而

$$\chi^2 = \frac{9 \times 5.5^2}{5^2} = 10.89 < 16.9,$$

所以应该接受 H_0,即认为机器工作正常.

7.3 两个正态总体的假设检验

设总体 $X \sim N(\mu_1, \sigma_1^2), \mu_1, \sigma_1^2$ 皆未知,从中抽取容量为 n_1 的样本$(X_1, X_2, \cdots, X_{n_1})$.又设总体 $Y \sim N(\mu_2, \sigma_2^2), \mu_2, \sigma_2^2$ 皆未知,从中抽取容量为 n_2 的样本$(Y_1, Y_2, \cdots, Y_{n_2})$,且两样本独立.

7.3.1 $\sigma_1^2 = \sigma_2^2$,均值差 $\mu_1 - \mu_2$ 的检验

检验问题为

$$H_0 : \mu_1 - \mu_2 = a \leftrightarrow H_1 : \mu_1 - \mu_2 \neq a,$$

由推论 5.4 知,当 H_0 成立时,

$$T = \frac{(\overline{X} - \overline{Y}) - a}{S_\omega \sqrt{\dfrac{1}{n_1} + \dfrac{1}{n_2}}} \sim t(n_1 + n_2 - 2),$$

从而

$$P[\,|\,T\,| \geq t_{\alpha/2}(n_1 + n_2 - 2)] = \alpha,$$

所以拒绝域可取$\{|\,T\,| \geq t_{\alpha/2}(n_1 + n_2 - 2)\}$.

例 7.6 从两处煤矿各抽样数次,测得其含灰率如下(%):

甲矿:24.3, 20.8, 23.7, 21.3, 17.4,

乙矿:18.2, 16.9, 20.2, 16.7,

假设两煤矿的含灰率都服从正态分布,且方差相等,问甲、乙两煤矿的含灰率有无显著差异?($\alpha = 0.05$.)

解 设 X, Y 分别表示甲、乙两煤矿的含灰率,依题意 $X \sim N(\mu_1, \sigma_1^2), Y \sim N(\mu_2, \sigma_2^2)$,且 $\sigma_1^2 = \sigma_2^2$.检验问题为

$$H_0 : \mu_1 = \mu_2 \leftrightarrow H_1 : \mu_1 \neq \mu_2,$$

即 $a = 0.$ $n_1 = 5, n_2 = 4, t_{0.025}(7) = 2.365, \overline{X} = 21.5, S_1^2 = 7.505, \overline{Y} = 18, S_2^2 = 2.593$,从而

$$S_\omega = \sqrt{\frac{4 \times 7.505 + 3 \times 2.593}{5 + 4 - 2}} = 2.324,$$

$$T = \frac{21.5 - 18}{2.324\sqrt{\dfrac{1}{5} + \dfrac{1}{4}}} = 2.245 < 2.365,$$

故接受 H_0,即认为两煤矿的含灰率无显著差异.

类似地,可以讨论检验问题:

$$H_0 : \mu_1 - \mu_2 \leqslant a \leftrightarrow H_1 : \mu_1 - \mu_2 > a;$$
$$H_0 : \mu_1 - \mu_2 \geqslant a \leftrightarrow H_1 : \mu_1 - \mu_2 < a.$$

结果如表 7.3.

表 7.3　两个正态总体均值差的检验

条件	原假设 H_0	备择假设 H_1	统计量及其分布	显著性水平 α 下的拒绝域
$\sigma_1^2 = \sigma_2^2$	$\mu_1 - \mu_2 = a$	$\mu_1 - \mu_2 \neq a$	$T = \dfrac{(\overline{X} - \overline{Y}) - a}{S_\omega \sqrt{\dfrac{1}{n_1} + \dfrac{1}{n_2}}} \sim$ $t(n_1 + n_2 - 2)$	$\{\lvert T \rvert \geqslant t_{\alpha/2}(n_1 + n_2 - 2)\}$
$\sigma_1^2 = \sigma_2^2$	$\mu_1 - \mu_2 \leqslant a$	$\mu_1 - \mu_2 > a$	$T = \dfrac{(\overline{X} - \overline{Y}) - a}{S_\omega \sqrt{\dfrac{1}{n_1} + \dfrac{1}{n_2}}} \sim$ $t(n_1 + n_2 - 2)$	$\{T \geqslant t_\alpha(n_1 + n_2 - 2)\}$
$\sigma_1^2 = \sigma_2^2$	$\mu_1 - \mu_2 \geqslant a$	$\mu_1 - \mu_2 < a$	$T = \dfrac{(\overline{X} - \overline{Y}) - a}{S_\omega \sqrt{\dfrac{1}{n_1} + \dfrac{1}{n_2}}} \sim$ $t(n_1 + n_2 - 2)$	$\{T \leqslant -t_\alpha(n_1 + n_2 - 2)\}$

7.3.2　方差比的检验

检验问题为

$$H_0 : \sigma_1^2 = \sigma_2^2 \leftrightarrow H_1 : \sigma_1^2 \neq \sigma_2^2,$$

由推论 5.3 知,当 H_0 成立时,

$$F = S_1^2 / S_2^2 \sim F(n_1 - 1, n_2 - 1),$$

从而

$$P[F \leqslant F_{1-\alpha/2}(n_1 - 1, n_2 - 1) \text{ 或 } F \geqslant F_{\alpha/2}(n_1 - 1, n_2 - 1)] = \alpha,$$

所以拒绝域可取 $\{F \leqslant F_{1-\alpha/2}(n_1 - 1, n_2 - 1) \text{ 或 } F \geqslant F_{\alpha/2}(n_1 - 1, n_2 - 1)\}$.

类似地,可以讨论检验问题:

$$H_0 : \sigma_1^2 \leqslant \sigma_2^2 \leftrightarrow H_1 : \sigma_1^2 > \sigma_2^2,$$

结果如表 7.4.

表 7.4　两个正态总体方差比的检验

原假设 H_0	备择假设 H_1	统计量及其分布	显著性水平 α 下的拒绝域
$\sigma_1^2 = \sigma_2^2$	$\sigma_1^2 \neq \sigma_2^2$	$F = S_1^2/S_2^2 \sim F(n_1 - 1, n_2 - 1)$	$\{F \leqslant F_{1-\alpha/2}(n_1 - 1, n_2 - 1)$ 或 $F \geqslant F_{\alpha/2}(n_1 - 1, n_2 - 1)\}$
$\sigma_1^2 \leqslant \sigma_2^2$	$\sigma_1^2 > \sigma_2^2$	$F = S_1^2/S_2^2 \sim F(n_1 - 1, n_2 - 1)$	$\{F \geqslant F_\alpha(n_1 - 1, n_2 - 1)\}$

例 7.7　两台车床生产同一种滚珠(滚珠直径服从正态分布).从中分别抽取 8 个和 9 个产品,测得 $S_1^2 = 0.096, S_2^2 = 0.026$,试在水平 0.05 下比较两台车床生产的滚珠直径的方差是否有明显差异.

解　检验问题为

$$H_0 : \sigma_1^2 = \sigma_2^2 \leftrightarrow H_1 : \sigma_1^2 \neq \sigma_2^2,$$

查表得 $F_{0.025}(7,8) = 4.53, F_{0.975}(7,8) = \dfrac{1}{F_{0.025}(8,7)} = 0.204$,所以拒绝域为

$$\{F \geqslant 4.53 \text{ 或 } F \leqslant 0.204\},$$

而

$$0.204 < F = \frac{S_1^2}{S_2^2} = 3.69 < 4.53,$$

所以接受 H_0,即认为两台车床生产的滚珠直径的方差无明显差异.

例 7.8　甲、乙两个代表队参加某项知识竞赛,甲队有 9 人参加,乙队有 8 人参加,成绩分别为

甲队:85,　59,　66,　81,　35,　57,　76,　63,　78,

乙队:65,　72,　69,　65,　58,　68,　52,　64,

问在 0.05 的检验水平下,能否认为甲队的方差显著地大于乙队?

解　检验问题为

$$H_0 : \sigma_1^2 \leqslant \sigma_2^2 \leftrightarrow H_1 : \sigma_1^2 > \sigma_2^2,$$

查表得 $F_{0.05}(8,7) = 3.73$,所以拒绝域为 $\{F \geqslant 3.73\}$,由样本有 $S_1^2 = 240.75, S_2^2 = 40.98$,从而

$$F = \frac{S_1^2}{S_2^2} = 5.875 > 3.73,$$

所以可以认为甲队的方差显著地大于乙队.

习 题 7

1. 某种零件的尺寸方差为 $\sigma^2 = 1.21$,对一批这类零件检验6件得尺寸数据(毫米) 为

$$32.56, \quad 29.66, \quad 31.64, \quad 30.00, \quad 31.87, \quad 31.03,$$

问这批零件的平均尺寸能认为是 30.50 毫米吗?(设零件尺寸服从正态分布,$\alpha = 0.05$.)

2. 某工厂生产 10 欧姆的电阻.根据以往生产的电阻实际情况,可以认为其电阻值服从正态分布,样本标准差为 0.1.现随机抽取 10 个电阻,测得其电阻的平均值为 10.05,能否认为该厂生产的电阻值的均值为 10 欧姆?($\alpha = 0.05$.)

3. 已知某一物体在试验中的温度服从正态分布,现测得温度的 5 个值为(单位:摄氏度):

$$1\,250, \quad 1\,265, \quad 1\,245, \quad 1\,260, \quad 1\,275,$$

问是否可以认为温度的均值为 1 277 摄氏度?($\alpha = 0.05$.)

4. 某地区小麦的一般生产水平为亩产250千克,标准差为30千克.现用一种化肥进行试验,从 25 个小区抽样,平均亩产量为 270 千克.问这种化肥是否使小麦明显增产?($\alpha = 0.05$.)

5. 某种电子元件的寿命服从正态分布.现测得 16 只元件的寿命如下(单位:小时):

$$159, \quad 280, \quad 101, \quad 212, \quad 224, \quad 379, \quad 179, \quad 264,$$
$$222, \quad 362, \quad 168, \quad 250, \quad 149, \quad 260, \quad 485, \quad 170,$$

是否有理由认为元件的平均寿命显著地大于 225 小时?($\alpha = 0.05$.)

6. 某厂生产的电子仪表的寿命服从正态分布,其标准差为 1.6,改进新工艺后,从新的产品中抽出 9 件,测得平均寿命为 52.8,样本标准差为 1.19,问用新工艺后仪表的寿命的方差是否发生了变化?($\alpha = 0.05$.)

7. 电工器材厂生产一批保险丝,抽取 10 根试验其熔断时间,结果为

$$42, \quad 65, \quad 75, \quad 78, \quad 71, \quad 59, \quad 57, \quad 68, \quad 54, \quad 55,$$

设保险丝的熔断时间服从正态分布,问是否可认为整批保险丝的熔断时间的方差大于80?($\alpha = 0.05$.)

8. 某香烟厂生产两种香烟,独立地随机抽取容量大小相同的烟叶标本测其尼古丁含量的毫克数,实验分别做了六次试验测定,数据记录如表 7.5.

表 7.5

甲	27	28	23	26	30	22
乙	28	23	30	25	21	27

假定两种香烟尼古丁含量均服从正态分布,且方差相等,试问这两种尼古丁含量有无显著差异?($\alpha = 0.05$.)

9. 从某锌矿的东西两支矿脉中,各取容量为9和8的样本分析后,计算其样本含锌量的平均值与样本方差分别为:东支,$\overline{x} = 0.23$,$S_1^2 = 0.133\ 7$,$n_1 = 9$;西支,$\overline{y} = 0.35$,$S_2^2 = 0.173\ 6$,$n_2 = 8$;假定东西两支矿脉的含锌量都服从正态分布,且方差相等,问能否认为两支矿脉的含锌量相同?($\alpha = 0.05$.)

10. 在平炉上进行一项试验以确定改变操作方法的建议是否会增加钢的得率,实验是在同一只平炉上进行的.每炼一炉钢时除操作方法外,其他条件都尽可能做到相同.先用标准方法炼一炉,然后用建议的新方法炼一炉以后交替进行,各炼了10炉,其得率分别为

标准方法:78.1, 72.4, 76.2, 74.3, 77.4, 78.4, 76.0, 75.5, 76.7, 77.3,

新 方 法:79.1, 81.0, 77.3, 79.1, 80.0, 79.1, 79.1, 77.3, 80.2, 82.1.

设这两个样本相互独立且分别来自正态总体 $N(\mu_1, \sigma_1^2)$ 和 $N(\mu_2, \sigma_2^2)$,$\mu_1, \mu_2, \sigma_1, \sigma_2$ 均未知,试问:

(1) 在显著性水平 $\alpha = 0.01$ 下可否认为两总体方差相等?

(2) 新操作方法能否提高钢的得率?

11. 甲乙两铸造厂生产同一种铸件,假设两厂铸件的重量都服从正态分布,测得重量如下(单位:千克):

$$甲厂:93.3, \quad 92.1, \quad 94.7, \quad 90.1, \quad 95.6, \quad 90, \quad 94.7,$$
$$乙厂:95.6, \quad 94.9, \quad 96.2, \quad 95.8, \quad 96.3, \quad 95.1.$$

问乙厂铸件重量的方差是否比甲厂的小?($\alpha = 0.05$.)

12. 总体 $X \sim N(\mu, 5^2)$,在 $\alpha = 0.05$ 的水平上检验 $H_0: \mu = 0 \leftrightarrow H_1: \mu \neq 0$,若所选取的拒绝域为 $R = \{|\overline{X}| \geqslant 1.96\}$,求样本容量 n.

13. 设总体 $X \sim N(\mu, 9)$,μ 为未知参数,$(X_1, X_2, \cdots, X_{25})$ 为其一个样本,对检验问题:

$$H_0: \mu = \mu_0 \leftrightarrow H_1: \mu \neq \mu_0,$$

取拒绝域 $C = \{(x_1, x_2, \cdots, x_{25}) \mid |\overline{X} - \mu_0| \geqslant c\}$,求常数 c,使得该检验的显著性水平为0.05.

第8章 方差分析和线性回归分析

在工农业生产和科学研究中我们经常遇到这样的问题:影响产品产量、质量的因素很多.例如,工业产品的质量受原料、机器、人工等因素的影响;农作物的产量受种子、肥料、土壤、水分等因素的影响;有的影响大些,有的影响小些,我们需要找出对产品的产量、质量有显著影响的因素.为此我们要先做些试验,然后对测试的结果进行分析.方差分析就是鉴别因素效应的一种有效的统计方法.它是在20世纪20年代由英国统计学家费希尔(R. A. Fisher)首先使用到农业试验上去的.后来,发现这种方法的应用范围广阔,可以成功地应用在试验工作的很多方面.

在实际问题中,我们常常会遇到多个变量处于同一个过程之中,它们相互联系、相互制约.有的变量间有完全确定的函数关系,例如电压V、电阻R与电流强度I之间有关系式:$V = IR$;圆面积S与半径R之间有关系式:$S = \pi R^2$.另外还有一些变量,它们之间有一定的关系,然而这种关系并不完全确定,例如正常人的血压与年龄有一定的关系,一般年龄大的人血压相对地高一些,但是它们之间没有明确的函数关系,不能用一个确定的函数关系式表达出来.又如树干直径与其高度,水稻产量与施肥量等等.这些变量之间的关系常称为相关关系.回归分析就是寻找这类不完全确定的变量间的数量关系式并进行统计推断的一种方法,通过建立统计模型研究这种关系,并由此对相应的变量进行预测和控制.

本章仅进行单因素方差分析和一元线性回归分析,对多因素方差分析和多元线性回归分析感兴趣的读者可参阅相关文献.

8.1 单因素方差分析

方差分析是在20世纪20年代发展起来的一种统计方法,它被广泛用于分析心理学、生物学、工程和医药的试验数据.从形式上看,方差分析是检验多个总体的均值是否相同,但本质上,它所研究的是变量之间的关系.

为了更好地理解方差分析的含义,下面先通过一个例子来说明方差分析的有关概念以及方差分析所要解决的问题.

例 8.1 消费者与产品生产者、销售者或服务的提供者之间经常发生纠纷. 当发生纠纷后,消费者常常会向消费者协会投诉. 为了对几个行业的服务质量进行评价,消费者协会在零售业、旅游业、航空公司、家电制造业分别抽取了不同的企业作为样本. 其中零售业抽取 7 家,旅游业抽取 6 家,航空公司抽取 5 家,家电制造业抽取 5 家. 每个行业中所抽取的这些企业,在服务对象、服务内容、企业规模等方面基本上是相同的. 然后统计出最近一年中消费者对这 23 家企业投诉的次数,结果如表 8.1 所示.

表 8.1   消费者对四个行业的投诉次数

观测值 \ 行业	零售业	旅游业	航空公司	家电制造业
1	57	68	31	44
2	66	39	49	51
3	49	29	21	65
4	40	45	34	77
5	34	56	40	58
6	53	51		
7	44			

一般而言,受到的投诉次数越多,说明服务的质量越差. 消费者协会想知道这几个行业之间的服务质量是否有显著差异.

要分析四个行业之间的服务质量是否有显著差异,实际上也就是要判断"行业"对"被投诉次数"是否有显著影响,做出这种判断最终归结为检验这四个行业被投诉次数的均值是否相等. 如果它们的均值相等,就意味着"行业"对被投诉次数是没有影响的,也就是它们之间的服务质量没有显著差异;如果均值不全相等,则意味着"行业"对被投诉次数是有影响的,也就是它们之间的服务质量应该有显著差异.

在方差分析中,影响试验结果的每一个条件称为因素,因素的不同表现称为水平,每个因素水平下得到的样本数据称为观测值.

例如,在上面的例子中,"行业"是影响"被投诉次数"的一个条件,"行业"称为因素;零售业、旅游业、航空公司、家电制造业是"行业"这一因素的具体表现,我们称之为"水平";在每个行业下得到的样本数据(被投诉次数)称为观测值. 例 8.1 中只涉及"行业"一个因素,因此称为单因素方差分析.

8.1.1　数学模型

将例 8.1 一般化. 设因素 A 有 l 个水平 $A_1, A_2, \cdots, A_l$, 第 i 个水平重复做 $n_i(i = 1, 2, \cdots, l)$ 次试验, 试验结果的数据如表 8.2.

表 8.2

水　　平	A_1	A_2	$\cdots$	A_l
观 测 值	x_{11}	x_{21}	$\cdots$	x_{l1}
	x_{12}	x_{22}	$\cdots$	x_{l2}
	$\vdots$	$\vdots$	$\vdots$	$\vdots$
	x_{1n_1}	x_{2n_2}	$\cdots$	x_{ln_l}

表 8.2 中, 因素 A 的各水平对应着一个总体 $X_i(i = 1, 2, \cdots, l)$. 假定 $X_i \sim N(\mu_i, \sigma_i^2)(i = 1, 2, \cdots, l)$. 表 8.2 的第 i 列的数值可视为来自总体 X_i 的一个样本 $X_{i_1}, X_{i_2}, \cdots, X_{n_i}(i = 1, 2, \cdots, l)$ 的观测值. 由于各水平都是在相同条件下进行的试验, 故可以认为各总体的方差相同(即 $\sigma_1^2 = \sigma_2^2 = \cdots = \sigma_l^2 = \sigma^2$). 另一方面, 各水平下的试验是独立进行的. 因此总体 $X_i(i = 1, 2, \cdots, l)$ 是相互独立的 $N(\mu_i, \sigma^2)$ 的正态变量. 所以, 我们要判断因素水平间是否有显著差异, 也就是要检验各正态总体的均值是否相等, 因此要检验的原假设是

$$H_0 : \mu_1 = \mu_2 = \cdots = \mu_l, \tag{8.1}$$

备择假设是

$$H_1 : \mu_1, \mu_2, \cdots, \mu_l \text{ 不全相等.} \tag{8.2}$$

当 $l = 2$ 时, 即检验假设

$$H_0 : \mu_1 = \mu_2 \leftrightarrow H_1 : \mu_1 \neq \mu_2.$$

这个问题已在 7.3 节中讨论过了. 方差分析的任务就是要解决当 $l > 2$ 时的上述假设检验问题.

设试验总次数为 n, 即

$$n = \sum_{i=1}^{l} n_i, \tag{8.3}$$

记

$$\mu = \frac{1}{n} \sum_{i=1}^{l} n_i \mu_i, \tag{8.4}$$

令

$$\alpha_i = \mu_i - \mu \quad (i = 1, 2, \cdots, l). \tag{8.5}$$

这里 μ 是 $\mu_1, \mu_2, \cdots, \mu_l$ 的加权平均值，叫做总均值；α_i 是总体 X_i 的均值与总均值 μ 的差，叫做因素 A 的水平 A_i 的效应. 我们有

$$\sum_{i=1}^{l} n_i \alpha_i = \sum_{i=1}^{l} n_i (\mu_i - \mu) = n\mu - n\mu = 0. \tag{8.6}$$

将 μ_i 写成

$$\mu_i = \mu + \alpha_i \quad (i = 1, 2, \cdots, l). \tag{8.7}$$

从而要检验的原假设(8.1)可以写成

$$H_0 : \alpha_1 = \alpha_2 = \cdots = \alpha_l. \tag{8.8}$$

8.1.2 方差分析

为了检验上述原假设，需要选取适当的统计量. 设第 i 组观测值的组平均值为 $\overline{x_i}(i = 1, 2, \cdots, l)$，即

$$\overline{x_i} = \frac{1}{n_i} \sum_{j=1}^{n_i} x_{ij}, \tag{8.9}$$

于是，全体观测值的总平均值

$$\overline{x} = \frac{1}{n} \sum_{i=1}^{l} \sum_{j=1}^{n_i} x_{ij} = \frac{1}{n} \sum_{i=1}^{l} n_i \overline{x_i}, \tag{8.10}$$

考虑全体样本观测值 x_{ij} 对总平均值 $\overline{x}$ 的离差平方和 S：

$$S = \sum_{i=1}^{l} \sum_{j=1}^{n_i} (x_{ij} - \overline{x})^2. \tag{8.11}$$

我们有

$$S = \sum_{i=1}^{l} \sum_{j=1}^{n_i} \left[(x_{ij} - \overline{x_i}) + (\overline{x_i} - \overline{x}) \right]^2$$

$$= \sum_{i=1}^{l} \sum_{j=1}^{n_i} (x_{ij} - \overline{x_i})^2 + \sum_{i=1}^{l} \sum_{j=1}^{n_i} (\overline{x_i} - \overline{x})^2 + 2 \sum_{i=1}^{l} \sum_{j=1}^{n_i} (x_{ij} - \overline{x_i})(\overline{x_i} - \overline{x}).$$

因为

$$\sum_{i=1}^{l} \sum_{j=1}^{n_i} (x_{ij} - \overline{x_i})(\overline{x_i} - \overline{x}) = \sum_{i=1}^{l} (\overline{x_i} - \overline{x}) \sum_{j=1}^{n_i} (x_{ij} - \overline{x_i})$$

$$= \sum_{i=1}^{l} (\overline{x_i} - \overline{x})(n_i \overline{x_i} - n_i \overline{x_i}) = 0,$$

所以

$$S = \sum_{i=1}^{l} \sum_{j=1}^{n_i} (\overline{x_i} - \overline{x})^2 + \sum_{i=1}^{l} \sum_{j=1}^{n_i} (x_{ij} - \overline{x_i})^2$$

$$= \sum_{i=1}^{l} n_i \, (\overline{x_i} - \overline{x})^2 + \sum_{i=1}^{l} \sum_{j=1}^{n_i} (x_{ij} - \overline{x_i})^2 = S_A + S_e. \qquad (8.12)$$

其中

$$S_A = \sum_{i=1}^{l} n_i \, (\overline{x_i} - \overline{x})^2 \qquad (8.13)$$

表示各组平均值$\overline{x_i}$对总平均值$\overline{x}$的离差平方和,称为组间平方和;而

$$S_e = \sum_{i=1}^{l} \sum_{j=1}^{n_i} (x_{ij} - \overline{x_i})^2 \qquad (8.14)$$

表示各个观测值x_{ij}对本组平均值$\overline{x_i}$的离差平方和的总和,称为误差平方和或组内平方和.

组间平方和S_A反映了各组样本之间的差异程度,即由于因素A的不同水平所引起的误差;误差平方和S_e则反映了试验过程中各种随机因素所引起的随机误差.

如果原假设H_0是正确的,则所有的样本观测值x_{ij}服从同一正态分布$N(\mu, \sigma^2)$,并且是相互独立的.因为

$$S = \sum_{i=1}^{l} \sum_{j=1}^{n_i} (x_{ij} - \overline{x})^2 = (n-1)s^2, \qquad (8.15)$$

故由定理 5.5 知$\dfrac{S}{\sigma^2} \sim \chi^2(n-1)$.类似地,可知$\dfrac{S_e}{\sigma^2} \sim \chi^2(n-l)$.此外,我们还可以证明,当$H_0$成立时,$S_e$和$S_A$是独立的,且$\dfrac{S_A}{\sigma^2} \sim \chi^2(l-1)$.令

$$F = \frac{S_A/(l-1)}{S_e/(n-l)}, \qquad (8.16)$$

则由推论 5.3 知,当H_0成立时,$F \sim F(l-1, n-l)$.

如果因素A的各个水平对总体的影响差不多,则组间平方和S_A较小,因而$F = \dfrac{S_A/(l-1)}{S_e/(n-l)}$也较小;反之,如果因素$A$的各个水平对总体的影响显著不同,则组间平方和$S_A$较大,因而$F$也较大.由此可见,我们可以根据$F$值的大小来检验上述原假设$H_0$.

对给定的显著性水平α,由F分布表查得F_α.如果$F > F_\alpha(l-1, n-l)$,则拒绝H_0,认为因素A的不同水平对总体有显著影响;$F \leqslant F_\alpha(l-1, n-l)$,则接受$H_0$,认为因素$A$的不同水平对总体无显著影响.

为应用方便,使用方差分析表如表 8.3.

表 8.3　方差分析表

方差来源	平方和	自由度	平均平方和	F 值	临界值	显著性
组　间	S_A	$l-1$	$S_A/(l-1)$	$F = \dfrac{S_A/(l-1)}{S_e/(n-l)}$	$F_{0.01}$ 或	
误　差	S_e	$n-l$	$S_e/(n-l)$		$F_{0.05}$	
总　和	S	$n-1$				

在方差分析中,通常取 $\alpha = 0.01$ 或 $\alpha = 0.05$.一般地,当 $F \leqslant F_{0.05}$ 时,认为影响不显著;当 $F_{0.05} < F \leqslant F_{0.01}$ 时,认为影响显著,用记号 $*$ 表示;当 $F > F_{0.01}$ 时,则认为此影响特别显著,用记号 $**$ 表示.

对于实际问题,运用一些统计分析软件可以非常方便地得到方差分析表.表 8.4 是针对例 8.1 运用 Microsoft Excel 2003 中文版提供的"数据分析"功能得到的输出结果.

表 8.4　例 8.1 的方差分析表

差异源	SS	df	MS	F	$P-value$	$F-crit$
组　间	1 456.609	3	485.536 2	3.406 643	0.038 765	3.127 35
误　差	2 708	19	142.526 3			
总　和	4 164.609	22				

从方差分析表中可以看到,由于 $F = 3.406\ 6 > F_{0.05}(3,19) = 3.127\ 4$,所以拒绝原假设,即 $\mu_1 = \mu_2 = \mu_3 = \mu_4$ 不成立,表明 $\mu_1, \mu_2, \mu_3, \mu_4$ 之间的差异是显著的.也就是说,我们有 95% 的把握可以认为行业对被投诉次数的影响是显著的.

例 8.2　某管理学院对自己培养出来的 MBA 学生毕业之后的工作情况进行了跟踪调查,希望了解四个不同专业毕业的 MBA 学生在第一年工作中所获得的平均收入是否有显著的差别.学院从已经毕业的学生当中按不同专业分别随机抽取 10 名同学进行调查,调查结果如表 8.5.

表 8.5

专业	第一年收入(万元)										平均
A_1	9.6	8.3	5.2	13.3	8.1	13	10.2	4.6	11.4	10.1	9.38
A_2	7.8	12.1	11.2	3.6	7.9	4.1	10.5	8.7	16	9.1	9.10
A_3	11.3	14	6.2	8.3	10.8	6.3	9.7	11.3	12.7	8.9	9.95
A_4	9.5	10.6	8.2	17.5	7.2	11	7.1	21	4.5	10.2	10.68

检验这四个不同专业的选择对该学院的 MBA 学生毕业后第一年的平均收入是否有显著影响.

解   利用 Microsoft Excel 2003 中文版提供的"数据分析"功能得到方差分析表如表 8.6.

表 8.6

差异源	SS	df	MS	F	P - value	F - crit
组 间	14.612 75	3	4.870 917	0.363 76	0.779 539	2.866 266
组 内	482.057	36	13.390 47			
总 计	496.669 8	39				

因为 $F = 0.363\,76 < F_{0.05}(3,36) = 2.866\,266$,由此可知不能拒绝原假设 H_0,从而认为专业的选择对毕业生工作第一年的收入没有显著影响.

8.2   一元线性回归分析

8.2.1   回归概念

许多现象相互之间都有一定的依存关系.各种变量相互之间的依存关系有两种不同的类型:一种是确定性的函数关系,另一种是不确定性的统计关系或相关关系,我们可以借助函数关系表达它们之间的统计规律性.用以近似地描述具有相关关系的变量间联系的函数称为回归函数.

我们先看下面的例子.

例 8.3   植株的高度与生长天数有关,表 8.7 是某种植物的一组调查数据.

表 8.7

周数 t(周)	1	2	3	4	5	6	7
高度 h(厘米)	5	13	16	23	33	38	40

可以看出,植株的高度与生长天数有密切的关系,总体趋势是植株高度随着天数的增加而增加.我们要找出近似地描述它们关系的函数,也就是求出 h 关于 t 的回归方程.

8.2.2   一元线性回归模型

为了确定回归函数 $\hat{h} = f(t)$ 的类型,我们先从直观上看,把时间 t 作为横坐标,植株高度作为纵坐标,在坐标平面上画出 7 对数据所对应的点(图 8.1),称其为散点图.

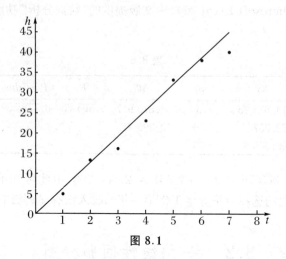

图 8.1

从图 8.1 可以看出,所有点大致散布在一条直线周围,即植株高度与周数大致呈线性关系.因而可以认为该植株高度 h 对周数 t 的回归函数类型为线性.于是,我们可以用线性方程 $\hat{h} = \beta_0 + \beta_1 t$ 来描述 h 与 t 之间的关系,称其为 h 对 t 的回归方程.要求出此方程,就是要找出 β_0 和 β_1 的估计量 $\hat{\beta}_0$ 和 $\hat{\beta}_1$,使直线 $\hat{h} = \hat{\beta}_0 + \hat{\beta}_1 t$ 总的看来与所有散点最接近,通常是使得 $\sum (h_i - \hat{h}_i)^2$ 达到最小.

一般地,两个变量的线性回归模型为

$$y = \beta_0 + \beta_1 x + \varepsilon. \tag{8.17}$$

在式(8.17)中 x 是一般变量,它是可以精确测量或可以加以控制的,如例 8.3 中的周数;y 是可观测其值的随机变量,如例 8.3 中的植株高度.ε 是不可观测的随机变量,如例 8.3 中影响植株高度的湿度、温度等因素,一般将 ε 看作随机误差,假设它服从 $N(0, \sigma^2)$ 分布.β_0, β_1 是未知参数.

为了获得 β_0, β_1 的估计,我们就要进行若干次独立试验,得到样本为

$$(x_i, y_i) \quad (i = 1, 2, \cdots, n),$$

则由式(8.17)知

$$y_i = \beta_0 + \beta_1 x_i + \varepsilon_i \quad (i = 1, 2, \cdots, n),$$

这里 $\varepsilon_1, \varepsilon_2, \cdots, \varepsilon_n$ 为独立随机变量,均服从 $N(0, \sigma^2)$ 分布.

回归分析的基本问题是根据样本 $(x_i, y_i)(i = 1, 2, \cdots, n)$,解决

(1) 未知参数 β_0, β_1 的点估计;

(2) 回归方程的显著性检验:在实际问题中,y 与 x 之间是否存在关系式

(8.17)需要根据样本来检验;

(3) 利用回归方程进行预测和控制.

下面我们分别来讨论上述三个问题.

8.2.3   未知参数 β_0, β_1 的点估计

对于线性模型(8.17),一般采用最小二乘法来估计 β_0, β_1. 对已知的样本 $(x_i, y_i)(i = 1, 2, \cdots, n)$,令

$$Q(\beta_0, \beta_1) \overset{\mathrm{d}}{=} \sum_{i=1}^{n} \left[y_i - (\beta_0 + \beta_1 x_i) \right]^2. \tag{8.18}$$

最小二乘法的基本思想是选取 β_0, β_1 的估计量 $\hat{\beta}_0, \hat{\beta}_1$,使得 Q 最小.由微积分知识知,这可由

$$\begin{cases} \dfrac{\partial Q}{\partial \beta_0} = -2 \sum_{i=1}^{n} \left[y_i - (\beta_0 + \beta_1 x_i) \right] = 0, \\[2mm] \dfrac{\partial Q}{\partial \beta_1} = -2 \sum_{i=1}^{n} \left[y_i - (\beta_0 + \beta_1 x_i) \right] x_i = 0 \end{cases} \tag{8.19}$$

得到,解方程组(8.19),得

$$\begin{cases} \hat{\beta}_1 = \dfrac{\displaystyle\sum_{i=1}^{n} (x_i - \overline{x})(y_i - \overline{y})}{\displaystyle\sum_{i=1}^{n} (x_i - \overline{x})^2} = \dfrac{\displaystyle\sum_{i=1}^{n} x_i y_i - n \overline{x}\, \overline{y}}{\displaystyle\sum_{i=1}^{n} x_i^2 - n \overline{x}^2}, \\[4mm] \hat{\beta}_0 = \overline{y} - \hat{\beta}_1 \overline{x}, \end{cases} \tag{8.20}$$

这里 $\overline{x} = \dfrac{1}{n} \sum_{i=1}^{n} x_i, \overline{y} = \dfrac{1}{n} \sum_{i=1}^{n} y_i$. 我们称 $\hat{\beta}_0$ 和 $\hat{\beta}_1$ 是 β_0 和 β_1 的最小二乘估计.于是所求的回归方程为

$$\hat{y} = \hat{\beta}_0 + \hat{\beta}_1 x. \tag{8.21}$$

对于例 8.3,可以求出 $\hat{\beta}_1 = 6.142\,857, \hat{\beta}_0 = -0.571\,43$,故所求的回归方程为

$$\hat{h} = -0.571\,43 + 6.142\,857 t.$$

8.2.4   回归方程的显著性检验

前面,我们用最小二乘法解决了线性回归方程的确定问题.但是,对于任何两个变量 x 与 y 的一组数据 $(x_i, y_i)(i = 1, 2, \cdots, n)$,无论 x 与 y 之间是否存在线性相关关系,我们都可以用式(8.20)和(8.21)给它们配一条直线.显然,这样写出的线性方程当且仅当变量 x 与 y 之间存在线性相关关系时才是有意义的;如果变量间

根本不存在线性相关关系,那么这样写出的线性方程就毫无意义了.

为了使求出的线性回归方程(8.21)真正有意义,我们必须首先判断变量间是否真的存在线性相关关系.我们可以用统计假设检验的方法解决此问题.因为当且仅当 $\beta_1 \neq 0$ 时,变量间存在线性相关关系,所以为了检验 y 与 x 之间的线性相关关系是否显著,应当检验原假设

$$H_0 : \beta_1 = 0 \tag{8.22}$$

是否成立.

为了构造检验假设 H_0 的统计量,将 x 对 y 的线性影响与随机波动引起的变差分开,令

$$SST = \sum_{i=1}^{n} (y_i - \overline{y})^2, \tag{8.23}$$

$$SSE = \sum_{i=1}^{n} (y_i - \hat{y}_i)^2, \tag{8.24}$$

$$SSR = \sum_{i=1}^{n} (\hat{y}_i - \overline{y})^2, \tag{8.25}$$

则有平方和分解公式

$$SST = SSE + SSR. \tag{8.26}$$

事实上,

$$SST = \sum_{i=1}^{n} (y_i - \overline{y})^2$$

$$= \sum_{i=1}^{n} \left[(y_i - \hat{y}_i) + (\hat{y}_i - \overline{y}) \right]^2$$

$$= \sum_{i=1}^{n} (y_i - \hat{y}_i)^2 + \sum_{i=1}^{n} (\hat{y}_i - \overline{y})^2 + 2 \sum_{i=1}^{n} (y_i - \hat{y}_i)(\hat{y}_i - \overline{y}),$$

由式(8.20),(8.21),上式的最后一项为

$$2 \sum_{i=1}^{n} (y_i - \hat{y}_i)(\hat{y}_i - \overline{y})$$

$$= 2\hat{\beta}_1 \left\{ \left[\sum_{i=1}^{n} (y_i - \overline{y})(x_i - \overline{x}) - \hat{\beta}_1 (x_i - \overline{x})^2 \right] \right\}$$

$$= 2\hat{\beta}_1 \left[\sum_{i=1}^{n} (y_i - \overline{y})(x_i - \overline{x}) - \sum_{i=1}^{n} (y_i - \overline{y})(x_i - \overline{x}) \right] = 0,$$

故式(8.26)成立.

我们称 SST 为总离差平方和,SSE 为残差平方和,SSR 为回归平方和.可以证明:

$$E(SSR) = \sigma^2 + \beta_1^2 \Big(\sum_{i=1}^{n} x_i^2 - n\overline{x}^2 \Big),$$

$$E(SSE) = (n-2)\sigma^2,$$

故如果 H_0 成立，$E(SSR) = \sigma^2$；当 H_0 不成立时，由于 $\beta_1 \neq 0$，故 $E(SSR) > \sigma^2$. 我们令

$$F = \frac{SSR}{SSE/(n-2)}, \tag{8.27}$$

当 H_0 成立时，$F \sim F(1, n-2)$，此时 F 应当在 1 附近取值；当 H_0 不成立时，F 趋于取较大的值. 故可用式 (8.27) 定义的 F 为统计量检验假设 H_0. 对于给定的显著性水平 α，由 F 分布表查得 $F_\alpha(1, n-2)$. 由样本观测值计算出 F 值，当 $F > F_\alpha(1, n-2)$ 时，拒绝 H_0，即可以认为变量 y 与 x 之间存在一定的线性关系；否则接受 H_0，即不能认为变量 y 与 x 之间存在着线性关系.

我们可以列出方差分析表如表 8.8.

表 8.8　回归方程显著性检验的方差分析表

方差来源	平 方 和	自 由 度	F 值
回　归	$SSR = \sum_{i=1}^{n} (\hat{y}_i - \overline{y})^2$	1	
残　差	$SSE = \sum_{i=1}^{n} (y_i - \hat{y}_i)^2$	$n-2$	$F = \dfrac{SSR}{SSE/(n-2)}$
总　计	$SST = \sum_{i=1}^{n} (y_i - \overline{y})^2$	$n-1$	

对于例 8.3 的方差分析表如表 8.9.

表 8.9　例 8.3 的方差分析表

	df	SS	MS	F
回　归	1	1 056.571	1 056.571	
残　差	5	23.428 57	4.685 714	225.487 8
总　计	6	1 080		

由于 $F_{0.01}(1,5) = 16.26$，而 $F = 225.487\,8 \gg 16.26$，故拒绝 H_0，可以认为变量 t 对 h 有极其显著的影响，即可以认为周数 t 与植株高度 h 有近似线性关系，所以回归方程 $\hat{h} = -0.571\,43 + 6.142\,857t$ 是有意义的.

8.2.5　一元线性回归的预测和控制

如果变量 y 与 x 之间的线性关系显著,则利用数据 (x_i, y_i) $(i = 1, 2, \cdots, n)$,求出的线性回归方程

$$\hat{y} = \hat{\beta}_0 + \hat{\beta}_1 x$$

就大致地反映了变量 y 与 x 之间的变化规律.但是,由于它们之间的关系是不确定的,所以对于 x 的任一取值 x_0,我们不能精确地知道 y 的相应的值 y_0.将 $x = x_0$ 代入线性回归方程(8.21)只能得到 y_0 的估计值

$$\hat{y}_0 = \hat{\beta}_0 + \hat{\beta}_1 x_0. \tag{8.28}$$

我们当然希望知道,如果用 $\hat{y}_0$ 作为 y_0 的估计值,它的精确性与可靠性如何?为此,应当对 y_0 进行区间估计,即对于给定的置信概率 $1 - \alpha$,求出 y_0 的置信区间,称为预测区间.这就是所谓的预测问题.

可以证明,当 n 很大时,对于任一 x_0,y_0 近似地服从正态分布 $N(\hat{y}_0, s^2)$,其中 $\hat{y}_0 = \hat{\beta}_0 + \hat{\beta}_1 x_0$,$s^2 = SSE/(n - 2)$.据此,可知置信概率为 $1 - \alpha$ 的 y_0 的置信区间为

$$(\hat{y}_0 - \mu_{\alpha/2} \cdot s, \hat{y}_0 + \mu_{\alpha/2} \cdot s). \tag{8.29}$$

应该指出,利用回归方程进行预测,一般只适用于原来的试验范围,不能随意地把范围扩大.

例 8.4　预测例 8.3 中当周数为 6.5 时,该植物植株高度的 95% 的置信区间.

解　在例 8.3 中我们已求得线性回归方程为

$$\hat{h} = -0.571\,43 + 6.142\,857t.$$

又 $SSE = 23.428\,57$,故 $s = \sqrt{\dfrac{23.428\,57}{5}} = \sqrt{4.685\,714} = 2.164\,651$,当 $t_0 = 6.5$ 时,$\hat{h}_0 = 39.357\,14$,故 h_0 的 95% 的置信区间为

$$39.357\,14 \pm 1.96 \times 2.164\,651 = 39.357\,14 \pm 4.242\,716,$$

即

$$(35.114\,42, 43.599\,86).$$

由于控制问题是预测的逆问题,如果要将 $y = \beta_0 + \beta_1 x + \varepsilon$ 的值控制在 (y_1, y_2) 内,由 y 的置信区间可求出 x 的控制区间.如取置信概率 $1 - \alpha = 95\%$,则 x 的控制区间从图 8.2 中所示的对应关系来确定.

从方程

$$L_1 : y_1 = \hat{\beta}_0 - 1.96s + \hat{\beta}_1 x_1,$$

$$L_2 : y_2 = \hat{\beta}_0 + 1.96s + \hat{\beta}_1 x_2,$$

分别解出 x_1 和 x_2,则当 $\hat{\beta}_1 > 0$ 时,控制区间为 (x_1, x_2);当 $\hat{\beta}_1 < 0$ 时,控制区间为 (x_2, x_1).显然,为了实现控制,我们必须使区间 (y_1, y_2) 的长度 $y_2 - y_1$ 不小于 $3.92s$.

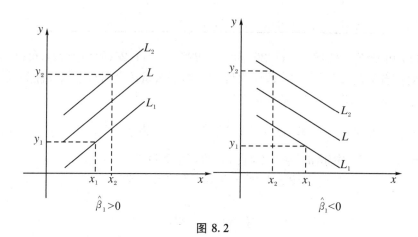

图 8.2

例 8.5　以家庭为单位,某种商品年需求量与该商品价格之间的一组调查数据如表 8.10.

表 8.10

价格 p_i(元)	1	2	2	2.3	2.5	2.6	2.8	3	3.3	3.5
需求量 d_i(500 克)	5	3.5	3	2.7	2.4	2.5	2		1.5	1.2	1.2

(1) 检验需求量 d 与价格 p 之间是否存在显著的线性关系,如果存在,求 d 关于 p 的线性回归方程;

(2) 预测当价格为 3.5 元时,该种商品的年需求量的 95% 的置信区间.

解　(1) 设 $\hat{d} = \hat{\beta}_0 + \hat{\beta}_1 p$,由最小二乘法得

$$\hat{\beta}_0 = 6.5, \quad \hat{\beta}_1 = -1.6,$$

于是所求的回归方程为

$$\hat{y} = 6.5 - 1.6x.$$

下面对此回归方程进行显著性检验.

检验

$$H_0 : \beta_1 = 0,$$

得到方差分析表如表 8.11.

表 8.11

	df	SS	MS	F
回归	1	11.86	11.86	
残差	8	0.32	0.04	296.5
总计	9	12.18		

(1) 由于 $F_{0.01}(1,8) = 11.26$, 而 $F = 296.5 \gg 11.26$, 故拒绝 H_0, 可以认为变量 p 对 d 有极其显著的影响, 即认为价格 p 与需求量 d 之间有近似线性关系, 所得回归方程 $\hat{y} = 6.5 - 1.6x$ 是有意义的.

(2) 因为 $SSE = 0.32$, 故 $s = \sqrt{\dfrac{0.32}{8}} = 0.2$, 当 $p_0 = 3.5$ 时, 代入回归方程 $\hat{y} = 6.5 - 1.6x$ 中得 $\hat{d}_0 = 0.9$, 故 d_0 的置信区间为

$$0.9 \pm 1.96 \times 0.2 = 0.9 \pm 0.392,$$

即

$$(0.508, 1.292).$$

8.2.6 一元非线性问题的线性化

在实际问题中, 有时变量不是线性关系, 而是某种非线性关系. 对一些特殊情形, 可以通过适当的变换, 将问题归结为线性回归问题. 我们来举一个实例.

例 8.6 电容器充电后, 电压达到 100 伏, 然后开始放电, 测得不同时刻电压数据资料, 如表 8.12 所示.

表 8.12

时间 x(秒)	0	1	2	3	4	5	6	7	8	9	10
电压 y(伏)	100	75	55	40	30	20	15	10	10	5	5
$\ln y$	4.605	4.317	4.007	3.689	3.401	2.996	2.708	2.303	2.303	1.609	1.609

图 8.3 给出了电压与时间的散点图, 从图中可以清楚地看出, 随着 x 的增大, y 有明显减少的趋势. 但这种相关关系用一条直线来描述并不合适. 图 8.4 给出的是 $\ln y$ 与 x 的散点图, 可以看出这些点基本上是围绕着一条直线波动, 说明 $\ln y$ 与 x 之间近似地有线性关系.

因此, 令

$$z_i = \ln y_i \quad (i = 1, 2, \cdots, n),$$

求出变量 z 对 x 的回归方程为

$$\hat{z} = \hat{\beta}_0 + \hat{\beta}_1 x,$$

则 y 对 x 的回归方程为

$$\hat{y} = \mathrm{e}^{\hat{z}} = \mathrm{e}^{\hat{\beta}_0} \cdot \mathrm{e}^{\hat{\beta}_1 x}.$$

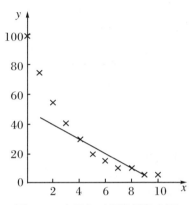

图 8.3　电压与时间数据散点图

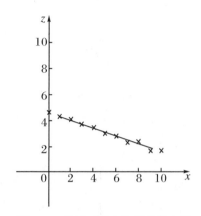

图 8.4　经过对数变换后的散点图

利用表 8.11 中的数据,可得 $z = \ln y$ 对 x 的线性回归方程为

$$\hat{z} = 4.615 - 0.313x,$$

从而 y 对 x 的回归方程为

$$\hat{y} = 100.988\mathrm{e}^{-0.313x}.$$

除了上面的类型,常见的函数还有:

1. 双曲线型(图 8.5)

$$\frac{1}{\hat{y}} = \beta_0 + \frac{\beta_1}{x}.$$

令

$$\hat{z} = \frac{1}{\hat{y}}, \quad \omega = \frac{1}{x},$$

则

$$\hat{z} = \beta_0 + \beta_1 \omega.$$

2. 幂函数型(图 8.6)

$$\hat{y} = \beta_0 x^{\beta_1}.$$

令

$$\hat{z} = \ln\hat{y}, \quad v = \ln\beta_0, \quad \omega = \ln x,$$

则

$$\hat{z} = v + \beta_1 \omega.$$

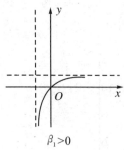
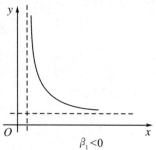

$$\beta_1 > 0 \qquad\qquad\qquad \beta_1 < 0$$

图 8.5 $\quad \dfrac{1}{\hat{y}} = \beta_0 + \beta_1 / x$

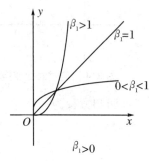
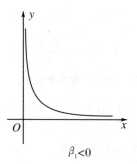

$$\beta_1 > 0 \qquad\qquad\qquad \beta_1 < 0$$

图 8.6 $\quad \hat{y} = \beta_0 x^{\beta_1}$

3. 对数曲线型(图 8.7)

$$\hat{y} = \beta_0 + \beta_1 \ln x.$$

令

$$\omega = \ln x,$$

则

$$\hat{y} = \beta_0 + \beta_1 \omega.$$

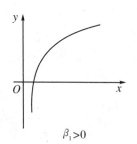
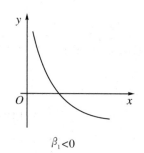

$$\beta_1 > 0 \qquad\qquad\qquad \beta_1 < 0$$

图 8.7 $\quad \hat{y} = \beta_0 + \beta_1 \ln x$

4. 指数曲线型(图 8.8、图 8.9)

(1) $\hat{y} = \beta_0 e^{\beta_1 x} (\beta_0 > 0)$.

令

$$\hat{z} = \ln\hat{y}, \quad v = \ln\beta_0,$$

则

$$\hat{z} = v + \beta_1 x.$$

[当 $\beta_0 < 0$ 时,可令 $v = \ln(-\beta_0), \hat{z} = \ln(-\hat{y})$.]

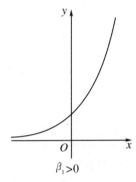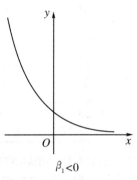

$\beta_1 > 0$　　　　$\beta_1 < 0$

图 8.8　$\hat{y} = \beta_0 e^{\beta_1 x}$

(2) $\hat{y} = \beta_0 e^{\beta_1/x} (\beta_0 > 0)$.

令

$$\hat{z} = \ln\hat{y}, \quad v = \ln\beta_0, \quad \omega = \frac{1}{x},$$

则

$$\hat{z} = v + \beta_1 \omega.$$

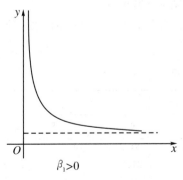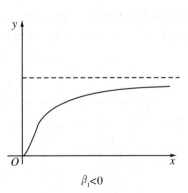

$\beta_1 > 0$　　　　$\beta_1 < 0$

图 8.9　$\hat{y} = \beta_0 e^{\beta_1/x}$

习 题 8

1. 灯泡厂用三种不同材料的灯丝制成三批灯泡.从这三批灯泡中分别抽样测得灯泡的使用寿命(小时) 如表 8.13 所示.

表 8.13

批号	I	II	III
使	1 600	1 580	1 540
用	1 610	1 640	1 550
寿	1 650	1 640	1 570
命	1 680	1 700	1 600
(小时)	1 700	1 750	1 660
	1 720		1 680
	1 800		

检验这三种不同材料灯丝制成的灯泡的使用寿命是否有显著差异.

2. 用五种不同的施肥方案分别得到某种农作物的收获量(千克) 如表 8.14 所示.

表 8.14

施肥方案	I	II	III	IV	V
收	67	98	60	79	90
获	67	96	69	64	70
量	55	91	50	81	79
(千克)	42	66	35	70	88

检验这五种施肥方案对农作物的收获量是否有显著影响.

3. 用六种培养液培养红苜蓿,每一种培养液五次重复,测定五盆苜蓿的含氮量,结果如表 8.15 所示.

表 8.15

盆号	培养法					
	I	II	III	IV	V	VI
1	19.4	17.7	17.0	20.7	14.3	17.3
2	32.6	24.8	19.4	21.0	14.4	19.4
3	27.0	27.9	9.1	20.5	11.8	19.1
4	32.1	25.2	11.9	18.8	11.6	16.9
5	33.0	24.3	15.8	18.6	14.2	20.8

检验用六种不同培养液培养的红苜蓿的含氮量是否有显著差异.

4. 证明由公式 (8.20) 给出的 $\hat{\beta}_0$ 和 $\hat{\beta}_1$ 分别是 β_0 和 β_1 的无偏估计.

5. 以 x 表示水的温度,y 表示溶解于 100 份水中硝酸钠的份数(测定值),今在不同温度下试验硝酸钠的溶解度,测得数据如表 8.16 所示.

表 8.16

$x(℃)$	0	4	10	15	21	29	36	51	58
$y(\%)$	66.7	71.0	76.3	80.6	85.7	92.9	99.4	113.6	125.1

(1) 求 y 对 x 的线性回归方程;

(2) 检验 y 对 x 的线性回归是否显著.

6. 动物饲养试验中,原始体重 x 与所增体重 y 如表 8.17 所示.

表 8.17

x	52	49	57	57	55	60	54	62
y	59	58	59	60	50	60	53	70

(1) 检验所增体重 y 与原始体重 x 之间是否存在显著的线性相关关系,如果存在,求 y 关于 x 的线性回归方程;

(2) 预测当原始体重为 58 时,所增体重的变化区间(取置信概率为 95%).

7. 同一生产面积上某作物单位产品的成本与产量间近似满足双曲线型关系:$\hat{y} = \beta_0 + \dfrac{\beta_1}{x}$,试利用表 8.18 所列资料,求出 y 对 x 的回归方程.

表 8.18

x	5.67	4.45	3.84	3.84	3.73	2.18
y	17.7	18.5	18.9	18.8	18.3	19.1

8. 根据表 8.19 数据判断某商品供给量 S 与价格 p 间回归函数的类型,并求出 S 对 p 的回归方程,并表明 S 对 p 是否有显著影响($\alpha = 0.05$).

表 8.19

价格 p_i(元)	7	12	6	9	10	8	12	6	11	9	12	10
供给量 S(吨)	57	72	51	57	60	55	70	55	70	53	76	56

附　表

附表 1　函数 $p_\lambda(m) = \dfrac{\lambda^m}{m!}e^{-\lambda}$ 数值表

m \ λ	0.1	0.2	0.3	0.4	0.5	0.6	0.7	0.8	0.9
0	0.904 8	0.818 7	0.740 8	0.670 3	0.606 5	0.548 8	0.496 6	0.449 3	0.406 6
1	0.090 5	0.163 8	0.222 2	0.268 1	0.303 3	0.329 3	0.347 6	0.359 5	0.365 9
2	0.004 5	0.016 4	0.033 3	0.053 6	0.075 8	0.098 8	0.121 7	0.143 8	0.164 7
3	0.000 2	0.001 1	0.003 3	0.007 2	0.012 6	0.019 8	0.028 4	0.038 3	0.049 4
4		0.000 1	0.000 3	0.000 7	0.001 6	0.003 0	0.005 0	0.007 7	0.011 1
5				0.000 1	0.000 2	0.000 4	0.000 7	0.001 2	0.002 0
6							0.000 1	0.000 2	0.000 3

m \ λ	1.0	1.5	2.0	2.5	3.0	3.5	4.0	4.5	5.0
0	0.367 9	0.223 1	0.135 3	0.082 1	0.049 8	0.030 2	0.018 3	0.011 1	0.006 7
1	0.369 7	0.334 7	0.270 7	0.205 2	0.149 4	0.105 7	0.073 3	0.050 0	0.033 7
2	0.183 9	0.251 0	0.270 7	0.256 3	0.224 0	0.185 0	0.146 5	0.112 5	0.084 2
3	0.061 3	0.125 5	0.180 4	0.213 8	0.224 0	0.215 8	0.195 4	0.168 7	0.140 4
4	0.015 3	0.047 1	0.090 2	0.133 6	0.168 0	0.188 8	0.195 4	0.189 8	0.175 5
5	0.003 1	0.014 1	0.036 1	0.066 8	0.100 8	0.132 2	0.156 3	0.170 8	0.175 5
6	0.000 5	0.003 5	0.012 0	0.027 8	0.050 4	0.077 1	0.104 2	0.128 1	0.146 2
7	0.000 1	0.000 8	0.003 4	0.009 9	0.021 6	0.038 6	0.059 5	0.082 4	0.104 5
8		0.000 1	0.000 9	0.003 1	0.008 1	0.016 9	0.029 8	0.046 3	0.065 3
9			0.000 2	0.000 9	0.002 7	0.006 6	0.013 2	0.023 2	0.036 3
10				0.000 2	0.000 8	0.002 3	0.005 3	0.010 4	0.018 1
11				0.000 1	0.000 2	0.000 7	0.001 9	0.004 3	0.008 2
12					0.000 1	0.000 2	0.000 6	0.001 6	0.003 4
13						0.000 1	0.000 2	0.000 6	0.001 3

续表

m＼λ	1.0	1.5	2.0	2.5	3.0	3.5	4.0	4.5	5.0
14							0.000 1	0.000 2	0.000 5
15								0.000 1	0.000 2
16									0.000 1

m＼λ	6	7	8	9	10	λ = 20			
						m	p	m	p
0	0.002 5	0.000 9	0.000 3	0.000 1		5	0.000 1	20	0.088 8
1	0.014 9	0.006 4	0.002 7	0.001 1	0.000 5	6	0.000 2	21	0.084 6
2	0.044 6	0.022 3	0.010 7	0.005 0	0.002 3	7	0.000 5	22	0.076 9
3	0.089 2	0.052 1	0.028 6	0.015 0	0.007 6	8	0.001 3	23	0.066 9
4	0.133 9	0.091 2	0.057 3	0.033 7	0.018 9	9	0.002 9	24	0.055 7
5	0.160 6	0.127 7	0.091 6	0.060 7	0.037 8	10	0.005 8	25	0.044 6
6	0.160 6	0.149 0	0.122 1	0.091 1	0.063 1	11	0.010 6	26	0.034 3
7	0.137 7	0.149 0	0.139 6	0.117 1	0.090 1	12	0.017 6	27	0.025 4
8	0.103 3	0.130 4	0.139 6	0.131 8	0.112 6	13	0.027 1	28	0.018 2
9	0.068 8	0.101 4	0.124 1	0.131 8	0.125 1	14	0.038 2	29	0.012 5
10	0.041 3	0.071 0	0.099 3	0.118 6	0.125 1	15	0.051 7	30	0.008 3
11	0.022 5	0.045 2	0.072 2	0.097 0	0.113 7	16	0.064 6	31	0.005 4
12	0.011 3	0.026 4	0.048 1	0.072 8	0.094 8	17	0.076 0	32	0.003 4
13	0.005 2	0.014 2	0.029 6	0.050 4	0.072 9	18	0.084 4	33	0.002 0
14	0.002 2	0.007 1	0.016 9	0.032 4	0.052 1	19	0.088 8	34	0.001 2
15	0.000 9	0.003 3	0.009 0	0.019 4	0.034 7			35	0.000 7
16	0.000 3	0.001 5	0.004 5	0.010 9	0.021 7			36	0.000 4
17	0.000 1	0.000 6	0.002 1	0.005 8	0.012 8			37	0.000 2
18		0.000 2	0.000 9	0.002 9	0.007 1			38	0.000 1
19		0.000 1	0.000 4	0.001 4	0.003 7			39	0.000 1
20			0.000 2	0.000 6	0.001 9				
21			0.000 1	0.000 3	0.000 9				
22				0.000 1	0.000 4				
23					0.000 2				
24					0.000 1				

λ = 30				λ = 40				λ = 50			
m	p	m	p	m	p	m	p	m	p	m	p
10		30	0.072 6	15		40	0.063 0	25		50	0.056 3
11		31	0.070 3	16		41	0.061 4	26	0.000 1	51	0.055 2
12	0.000 1	32	0.065 9	17		42	0.058 58	27	0.000 1	52	0.053 1
13	0.000 2	33	0.059 9	18	0.000 1	43	0.054 4	28	0.000 2	53	0.050 1
14	0.000 5	34	0.052 9	19	0.000 1	44	0.049 5	29	0.000 4	54	0.046 4
15	0.001 0	35	0.045 3	20	0.000 2	45	0.044 0	30	0.000 7	55	0.042 2
16	0.001 9	36	0.037 8	21	0.000 4	46	0.038 2	31	0.001 1	56	0.037 7
17	0.003 4	37	0.030 6	22	0.000 7	47	0.032 5	32	0.001 7	57	0.033 0
18	0.005 7	38	0.024 2	23	0.001 2	48	0.027 1	33	0.002 6	58	0.028 5
19	0.008 9	39	0.018 6	24	0.001 9	49	0.022	34	0.003 8	59	0.024 1
20	0.013 4	40	0.013 9	25	0.003 1	50	0.017 7	35	0.005 4	60	0.020 1
21	0.019 2	41	0.010 2	26	0.004 7	51	0.013 9	36	0.007 5	61	0.016 5
22	0.026 1	42	0.007 3	27	0.007 0	52	0.010 7	37	0.010 2	62	0.013 3
23	0.034 1	43	0.005 1	28	0.010 0	53	0.008 1	38	0.013 4	63	0.010 6
24	0.042 6	44	0.003 5	29	0.013 9	54	0.006 0	39	0.017 2	64	0.008 2
25	0.051 1	45	0.002 3	30	0.018 5	55	0.004 3	40	0.021 5	65	0.006 3
26	0.059 0	46	0.001 5	31	0.023 8	56	0.003 1	41	0.026 2	66	0.004 8
27	0.065 5	47	0.001 0	32	0.029 8	57	0.002 2	42	0.031 2	67	0.003 6
28	0.070 2	48	0.000 6	33	0.036 1	58	0.001 5	43	0.036 3	68	0.002 6
29	0.072 6	49	0.000 4	34	0.042 5	59	0.001 0	44	0.041 2	69	0.001 9
		50	0.000 2	35	0.048 5	60	0.000 7	45	0.045 8	70	0.001 4
		51	0.000 1	36	0.053 9	61	0.000 5	46	0.049 8	71	0.001 0
		52	0.000 1	37	0.058 3	62	0.000 3	47	0.053 0	72	0.000 7
				38	0.061 4	63	0.000 2	48	0.055 2	73	0.000 5
				39	0.063 0	64	0.000 1	49	0.056 3	74	0.000 3
						65	0.000 1			75	0.000 2
										76	0.000 1
										77	0.000 1
										78	0.000 1

附表 2　函数 $\Phi(x) = \dfrac{1}{\sqrt{2\pi}} \displaystyle\int_{-\infty}^{x} e^{-\frac{t^2}{2}} \, dt$ 数值表

x	0	1	2	3	4	5	6	7	8	9
0.0	0.500 0	0.504 0	0.508 0	0.512 0	0.516 0	0.519 9	0.523 9	0.527 9	0.531 9	0.535 9
0.1	0.539 8	0.543 8	0.547 8	0.551 7	0.555 7	0.559 6	0.563 6	0.567 5	0.571 4	0.575 3
0.2	0.579 3	0.583 2	0.587 1	0.591 0	0.594 8	0.598 7	0.602 6	0.606 4	0.610 3	0.614 1
0.3	0.617 9	0.621 7	0.625 5	0.629 3	0.633 1	0.636 8	0.640 6	0.644 3	0.648 0	0.651 7
0.4	0.655 4	0.659 1	0.662 8	0.666 4	0.670 0	0.673 6	0.677 2	0.680 8	0.684 4	0.687 9
0.5	0.691 5	0.695 0	0.698 5	0.701 9	0.705 4	0.708 8	0.712 3	0.715 7	0.719 0	0.722 4
0.6	0.725 7	0.721 9	0.732 4	0.735 7	0.738 9	0.742 2	0.745 4	0.748 6	0.751 7	0.754 9
0.7	0.758 0	0.761 1	0.764 2	0.767 3	0.770 3	0.773 4	0.776 4	0.779 4	0.782 3	0.785 2
0.8	0.788 0	0.791 0	0.793 9	0.796 7	0.799 5	0.802 3	0.805 1	0.807 8	0.810 6	0.813 3
0.9	0.815 9	0.818 6	0.821 2	0.823 8	0.826 4	0.828 9	0.831 5	0.834 0	0.836 5	0.838 9
1.0	0.841 3	0.743 8	0.846 1	0.848 5	0.850 8	0.853 1	0.855 4	0.857 7	0.859 9	0.862 1
1.1	0.864 3	0.866 5	0.868 6	0.870 8	0.872 9	0.874 9	0.877 0	0.879 0	0.881 0	0.883 0
1.2	0.884 9	0.886 9	0.888 8	0.890 7	0.892 5	0.894 4	0.896 2	0.898 0	0.899 7	0.901 5
1.3	0.903 2	0.904 9	0.906 6	0.908 2	0.909 9	0.911 5	0.913 1	0.914 7	0.916 2	0.917 7
1.4	0.919 2	0.920 7	0.922 2	0.923 6	0.925 1	0.926 5	0.927 9	0.929 2	0.930 6	0.931 9

续表

x	0	1	2	3	4	5	6	7	8	9
1.5	0.933 2	0.934 5	0.935 7	0.937 0	0.938 2	0.939 4	0.940 6	0.941 8	0.942 9	0.944 1
1.6	0.945 2	0.946 3	0.947 4	0.948 4	0.949 5	0.950 5	0.951 5	0.952 5	0.953 5	0.954 5
1.7	0.955 4	0.956 4	0.957 3	0.958 2	0.959 1	0.959 9	9.960 8	0.961 6	0.962 5	0.963 3
1.8	0.964 1	0.964 9	0.965 6	0.966 4	0.967 1	0.967 8	0.969 8	0.969 3	0.969 9	0.970 6
1.9	0.971 3	0.971 9	0.972 6	0.973 2	0.973 8	0.974 4	0.975 0	0.975 6	0.976 1	0.976 7
2.0	0.977 3	0.977 8	0.978 3	0.978 8	0.979 3	0.979 8	0.980 3	0.980 8	0.981 2	0.981 7
2.1	0.982 1	0.982 6	0.983 0	0.983 4	0.983 8	0.984 2	0.984 6	0.985 0	0.985 4	0.985 7
2.2	0.986 1	0.986 5	0.986 8	0.987 1	0.987 5	0.987 8	0.988 1	0.988 4	0.988 7	0.989 0
2.3	0.989 3	0.989 6	0.989 8	0.990 1	0.990 4	0.990 6	0.990 9	0.991 1	0.991 3	0.991 6
2.4	0.991 8	0.992 0	0.992 2	0.992 5	0.992 7	0.992 9	0.993 1	0.993 2	0.993 4	0.993 6
2.5	0.993 8	0.994 0	0.994 1	0.994 3	0.994 5	0.994 6	0.994 8	0.994 9	0.995 1	0.995 2
2.6	0.995 3	0.995 5	0.995 6	0.995 7	0.995 9	0.996 0	0.996 1	0.996 2	0.996 3	0.996 4
2.7	0.996 5	0.996 6	0.996 7	0.996 8	0.996 9	0.997 0	0.997 1	0.997 2	0.997 3	0.997 4
2.8	0.997 4	0.997 5	0.997 6	0.997 7	0.997 7	0.997 8	0.997 9	0.997 9	0.998 0	0.998 1
2.9	0.998 1	0.998 2	0.998 2	0.998 3	0.998 4	0.998 4	0.998 5	0.998 5	0.998 6	0.998 6

续表

x	3.0	3.1	3.2	3.3	3.4	3.5	3.6	3.7
$\Phi(x)$	0.998 65	0.999 03	0.999 31	0.999 52	0.999 66	0.999 77	0.999 84	0.999 89
x	3.8	3.9	4.0	4.1	4.2	4.3	4.4	4.5
$\Phi(x)$	0.999 92	0.999 95	0.9999 68	0.999 979	0.999 987	0.999 991	0.999 995	0.9999 97
x	4.6	4.7	4.8	4.9	5.0			
$\Phi(x)$	0.999 998	0.999 999	0.999 999 2	0.999 999 5	0.999 999 7			

附表 3 对应概率 $P(\chi^2 \geqslant \chi_\alpha^2)$ $\dfrac{1}{2^{\frac{k}{2}}\Gamma\left(\frac{k}{2}\right)}\displaystyle\int_{x_\alpha}^{+\infty} x^{\frac{k}{2}-1}\mathrm{d}x = \alpha$ 及自由度 k 的 χ_α^2 数值表

k \ α	0.995	0.99	0.975	0.95	0.90	0.75	0.50	0.25	0.10	0.05	0.025	0.01	0.005
1	0.000 04	0.000 2	0.001	0.004	0.016	0.102	0.455	1.32	2.71	3.84	5.02	6.64	7.88
2	0.010	0.020	0.051	0.103	0.211	0.575	1.39	2.77	4.61	5.99	7.38	9.21	10.6
3	0.072	0.115	0.216	0.352	0.584	1.21	2.37	4.11	6.25	7.82	9.35	11.3	12.8
4	0.207	0.297	0.484	0.711	1.06	1.92	3.36	5.39	7.78	9.49	11.1	13.3	14.9
5	0.412	0.554	0.831	1.15	1.61	2.67	4.55	6.63	9.24	11.1	12.8	15.1	16.7
6	0.676	0.872	1.24	1.64	2.20	3.45	5.35	7.84	10.6	12.6	14.4	16.8	18.5
7	0.989	1.24	1.69	2.17	2.83	4.25	6.35	9.04	12.0	14.1	16.0	18.5	20.3
8	1.34	1.65	2.18	2.73	3.49	5.07	7.34	10.2	13.4	15.5	17.5	20.1	22.0
9	1.73	2.09	2.70	3.33	4.17	5.90	8.34	11.4	14.7	16.9	19.0	21.7	23.6
10	2.16	2.56	3.25	3.94	4.87	6.74	9.34	12.5	16.0	18.3	20.5	23.2	25.2
11	2.60	3.05	3.82	4.57	5.58	7.58	10.3	13.7	17.3	19.7	21.9	24.7	26.8
12	3.07	3.57	4.40	5.23	6.30	8.44	11.3	14.8	18.5	21.0	23.3	26.2	28.3
13	3.57	4.11	5.01	5.89	7.04	9.30	12.3	16.0	19.8	22.4	24.7	27.7	29.8
14	4.07	4.66	5.63	6.57	7.79	10.2	13.3	17.1	21.1	23.7	26.1	29.1	31.3
15	4.60	5.23	6.26	7.26	8.55	11.0	14.3	18.2	22.3	25.0	27.5	30.6	32.8
16	5.14	5.81	6.91	7.96	9.31	11.9	15.3	19.4	23.5	26.3	28.8	32.0	34.3

续表

k \ α	0.995	0.99	0.975	0.95	0.90	0.75	0.50	0.25	0.10	0.05	0.025	0.01	0.005
17	5.70	6.41	7.56	8.67	10.1	12.8	16.3	20.5	24.8	27.6	30.2	33.4	35.7
18	6.26	7.02	8.23	9.39	10.9	13.7	17.3	21.6	26.0	28.9	31.5	34.8	37.2
19	6.84	7.63	8.91	10.1	11.7	14.6	18.3	22.7	27.2	30.1	32.9	36.2	38.6
20	7.43	8.26	9.59	10.9	12.4	15.5	19.3	23.8	28.4	31.4	34.2	37.6	40.0
21	8.03	8.90	10.3	11.6	13.2	16.3	20.3	24.9	29.6	32.7	35.5	38.9	41.4
22	8.64	9.54	11.0	12.3	14.0	17.2	21.3	26.0	30.8	33.9	36.8	40.3	42.8
23	9.26	10.2	11.7	13.1	14.8	18.1	22.3	27.1	32.0	35.2	38.1	41.6	44.2
24	9.89	10.9	12.4	13.8	15.7	19.0	23.3	28.2	33.2	36.4	39.4	43.0	45.6
25	10.5	11.5	13.1	14.6	16.5	19.9	24.3	29.3	34.4	37.7	40.6	44.3	46.9
26	11.2	12.2	13.8	15.4	17.3	20.8	25.3	30.4	35.6	38.9	41.9	45.6	48.3
27	11.8	12.9	14.6	16.2	18.1	21.7	26.3	31.5	36.7	40.1	43.2	47.0	49.6
28	12.5	13.6	15.3	16.9	18.9	22.7	27.3	32.6	37.9	41.3	44.5	48.3	51.0
29	13.1	14.3	16.0	17.7	19.8	23.6	28.3	33.7	39.1	42.6	45.7	49.6	52.3
30	13.8	15.0	16.8	18.5	20.6	24.5	29.3	34.8	40.3	43.8	47.0	50.9	53.7
40	20.7	22.2	24.4	26.5	29.1	33.7	39.3	45.6	51.8	55.8	59.3	63.7	66.8
50	28.0	29.7	32.4	34.8	37.7	42.9	49.3	56.3	63.2	67.5	71.4	76.2	79.5
60	35.5	37.5	40.5	43.2	46.5	52.3	59.3	67.0	74.4	79.1	83.3	88.4	92.0

附表 4　对应于概率 $P(t \geqslant t_\alpha) = \dfrac{\Gamma\left(\dfrac{k+1}{2}\right)}{\sqrt{k\pi}\Gamma\left(\dfrac{k}{2}\right)} \displaystyle\int_{t_\alpha}^{+\infty} \left(1+\dfrac{k}{2}\right)^{-\frac{k+1}{2}} \mathrm{d}x = \alpha$ 及自由度 k 的 t_α 数值表

k \ α	0.45	0.40	0.35	0.30	0.25	0.20	0.15	0.10	0.05	0.025	0.01	0.005
1	0.158	0.325	0.510	0.727	1.000	1.376	1.963	3.080	6.31	12.71	31.80	63.70
2	0.142	0.289	0.445	0.617	0.816	1.061	1.386	1.886	2.92	4.30	6.96	9.92
3	0.137	0.277	0.424	0.584	0.765	0.978	1.250	1.638	2.35	3.18	4.54	5.84
4	0.134	0.271	0.414	0.569	0.741	0.941	1.190	1.533	2.13	2.78	3.75	4.60
5	0.132	0.267	0.408	0.559	0.727	0.920	1.156	1.476	2.02	2.57	3.36	4.03
6	0.131	0.265	0.404	0.553	0.718	0.906	1.134	1.440	1.943	2.45	3.14	3.71
7	0.130	0.263	0.402	0.549	0.711	0.896	1.119	1.415	1.895	2.36	3.00	3.50
8	0.130	0.262	0.399	0.546	0.706	0.889	1.108	1.397	1.860	2.31	2.90	3.36
9	0.129	0.261	0.397	0.543	0.703	0.883	1.100	1.383	1.833	2.26	2.82	3.25
10	0.129	0.260	0.396	0.542	0.700	0.879	1.093	1.372	1.812	2.23	2.76	3.17
11	0.129	0.260	0.395	0.540	0.697	0.876	1.088	1.363	1.796	2.20	2.72	3.11
12	0.128	0.259	0.394	0.539	0.695	0.873	1.083	1.356	1.782	2.18	2.68	3.06
13	0.128	0.259	0.393	0.538	0.694	0.870	1.079	1.350	1.771	2.16	2.65	3.01
14	0.128	0.258	0.393	0.537	0.692	0.868	1.076	1.345	1.761	2.14	2.62	2.98
15	0.128	0.258	0.392	0.536	0.691	0.866	1.074	1.341	1.753	2.13	2.60	2.95
16	0.128	0.258	0.392	0.535	0.690	0.865	1.071	1.337	1.746	2.12	2.58	2.92

续表

k \ α	0.45	0.40	0.35	0.30	0.25	0.20	0.15	0.10	0.05	0.025	0.01	0.005
17	0.128	0.257	0.392	0.534	0.689	0.863	1.069	1.333	1.740	2.11	2.57	2.90
18	0.127	0.257	0.391	0.534	0.688	0.862	1.067	1.330	1.734	2.10	2.55	2.88
19	0.127	0.257	0.391	0.533	0.688	0.861	1.066	1.328	1.729	2.09	2.54	2.86
20	0.127	0.257	0.391	0.533	0.687	0.860	1.064	1.325	1.725	2.09	2.53	2.85
21	0.127	0.257	0.391	0.532	0.686	0.859	1.063	1.323	1.721	2.08	2.52	2.83
22	0.127	0.256	0.390	0.532	0.686	0.858	1.061	1.321	1.717	2.07	2.51	2.82
23	0.127	0.256	0.390	0.532	0.685	0.858	1.060	1.319	1.714	2.07	2.50	2.81
24	0.127	0.256	0.390	0.531	0.685	0.857	1.059	1.318	1.711	2.06	2.49	2.80
25	0.127	0.256	0.390	0.531	0.684	0.856	1.058	1.316	1.708	2.06	2.48	2.79
26	0.127	0.256	0.390	0.531	0.684	0.856	1.058	1.315	1.706	2.06	2.48	2.78
27	0.127	0.256	0.389	0.530	0.684	0.855	1.057	1.314	1.703	2.05	2.47	2.77
28	0.127	0.256	0.389	0.530	0.683	0.855	1.056	1.313	1.701	2.05	2.47	2.76
29	0.127	0.256	0.389	0.530	0.683	0.854	1.055	1.311	1.699	2.04	2.46	2.76
30	0.127	0.256	0.389	0.530	0.683	0.854	1.055	1.310	1.697	2.04	2.46	2.75
40	0.126	0.255	0.388	0.529	0.681	0.851	1.050	1.303	1.684	2.02	2.42	2.70
60	0.126	0.254	0.387	0.527	0.679	0.848	0.046	1.296	1.671	2.00	2.39	2.66
100	0.126	0.254	0.386	0.526	0.677	0.845	1.041	1.289	1.658	1.980	2.36	2.62
∞	0.126	0.253	0.385	0.524	0.674	0.842	1.036	1.282	1.645	1.960	2.33	2.58

附表 5　对应于概率 $P(F \geqslant F_a) = \dfrac{\Gamma\left(\dfrac{k_1 + k_2}{2}\right)}{\Gamma\left(\dfrac{k_1}{2}\right)\Gamma\left(\dfrac{k_2}{2}\right)} k_1^{\frac{k_1}{2}} k_2^{\frac{k_2}{2}}$

α	k_2 / k_1	1	2	3	4	5	6	7	8
0.05	1	161	200	216	225	230	234	237	239
0.025		648	800	864	900	922	937	948	957
0.01		4 050	5 000	5 400	5 620	5 760	5 860	5 930	5 980
0.005		16 200	20 000	21 600	22 500	23 100	23 400	23 700	23 900
0.05	2	8.5	19.0	19.2	19.2	19.3	19.3	19.4	19.4
0.025		38.5	39.0	39.2	39.2	39.3	39.3	39.4	39.4
0.01		98.5	99.0	99.2	99.2	99.3	99.3	99.4	99.4
0.005		199	199	199	199	199	199	199	199
0.05	3	10.1	9.55	9.28	9.12	9.01	8.94	8.89	8.85
0.025		17.4	16.0	15.4	15.1	14.9	14.7	14.6	14.5
0.01		34.1	30.8	29.5	28.7	28.2	27.9	27.7	27.5
0.005		55.6	49.8	47.5	46.2	45.4	44.8	44.4	44.1
0.05	4	7.71	6.94	6.59	6.39	6.26	6.16	6.09	6.04
0.025		12.2	10.6	9.98	9.60	9.36	9.20	9.07	8.98
0.01		21.2	18.0	16.7	16.0	15	15.2	15.0	14.8
0.005		31.3	26.3	24.3	23.2	22.5	22.0	21.6	21.4
0.05	5	6.61	5.79	5.41	5.19	5.05	4.95	4.88	4.82
0.025		10.0	8.43	7.76	7.39	7.15	6.98	6.85	6.76
0.01		16.3	13.3	12.1	11.4	11.0	10.7	10.50	10.3
0.005		22.8	18.3	16.5	15.6	14.9	14.5	14.2	14.0
0.05	6	5.99	5.14	4.76	4.53	4.39	4.28	4.21	4.15
0.025		8.81	7.26	6.60	6.23	5.99	5.82	5.70	5.60
0.01		13.7	10.9	9.78	9.15	8.75	8.47	8.26	8.10
0.005		18.6	14.5	12.9	12.0	11.5	11.1	10.8	10.6
0.05	7	59	4.74	4.35	4.12	3.97	3.87	3.79	3.73
0.025		8.07	6.54	5.89	52	5.29	5.12	4.99	4.90
0.01		12.2	9.55	8.45	7.85	7.46	7.19	6.99	6.84
0.005		16.2	12.4	10.9	10.1	9.52	9.16	8.89	8.68
0.05	8	5.32	4.46	4.07	3.84	3.69	3.58	3.50	3.44
0.025		7.57	6.06	5.42	5.05	4.82	4.65	4.53	4.43
0.01		11.3	8.65	7.59	7.01	6.63	6.37	6.18	6.03
0.005		14.7	11.0	9.60	8.81	8.30	7.95	7.69	7.30

$\cdot \int_{F_\alpha}^{+\infty} \dfrac{x^{k\frac{1}{2}-1}}{(k_1 x + k_2)^{\frac{k_1+k_2}{2}}} \mathrm{d}x = \alpha$ 及自由度(k_1,k_2) 的 F_α 数值表

9	10	12	15	20	30	60	120	∞
241	242	244	246	248	250	252	253	254
963	969	977	985	993	1 001	1 010	1 014	1 018
6 020	6 060	6 110	6 160	6 210	6 260	6 310	6 340	6 370
24 100	24 200	24 400	21 600	24 300	25 000	25 200	25 400	25 500
19.4	19.4	19.4	19.4	19.5	19.5	19.5	19.5	19.5
39.4	39.4	39.4	39.4	39.4	39.05	39.05	39.05	39.05
99.4	99.4	99.4	99.4	99.4	99.5	99.5	99.8	99.5
199	199	199	199	199	199	199	199	199
8.81	8.79	8.74	8.7	8.66	8.62	8.57	8.55	8.53
14.5	14.4	14.3	14.3	14.2	14.1	14.0	13.9	13.9
27.3	27.2	27.1	26.9	26.7	26.5	26.3	26.2	26.1
43.9	43.7	43.4	43.1	42.8	42.5	42.1	42.0	41.8
8.00	5.96	5.91	5.86	5.80	5.75	5.69	5.66	5.63
8.90	8.84	8.75	8.66	8.56	8.46	8.36	8.31	8.26
14.7	14.5	14.4	14.2	14.0	13.8	13.7	13.6	13.5
21.1	21.0	20.7	20.4	20.2	19.9	19.6	19.5	19.3
4.77	4.74	4.68	4.62	4.56	4.50	4.43	4.40	4.37
6.68	6.62	6.52	6.43	6.33	6.23	6.12	6.07	6.02
10.2	10.1	9.89	9.72	9.55	9.38	9.20	9.11	9.02
13.8	13.6	13.4	13.1	12.9	12.7	12.4	12.3	12.1
4.10	4.06	4.00	3.94	3.87	3.81	3.74	3.70	3.67
5.22	5.46	5.37	5.27	5.17	5.07	4.96	4.90	4.85
7.98	7.87	7.72	7.56	7.40	7.23	7.06	6.97	6.88
10.4	10.2	10.0	9.81	9.59	9.36	9.12	9.00	8.88
3.63	3.64	3.57	3.51	3.44	3.38	3.30	7.27	3.23
4.82	4.76	4.67	4.57	4.47	4.36	4.25	4.20	4.14
6.72	6.62	6.47	6.31	6.16	5.99	5.82	5.74	5.65
8.51	8.38	8.18	7.97	7.75	7.53	7.31	7.19	7.08
3.39	3.35	3.28	3.22	3.15	3.08	3.01	2.97	2.93
4.36	4.30	4.20	4.10	4.00	3.89	3.78	3.73	3.67
5.91	5.81	5.67	5.52	5.36	5.20	5.03	4.95	4.86
7.34	7.21	7.01	6.81	6.61	6.40	6.18	6.06	5.95

α	k_1 / k_2	1	2	3	4	5	6	7	8
0.05	9	5.12	4.26	3.86	3.63	3.48	3.37	3.29	3.23
0.025		4.10	7.21	5.71	5.05	4.72	4.48	4.32	4.20
0.01		10.6	8.02	6.99	6.42	6.06	5.80	5.61	5.47
0.005		13.6	10.1	8.72	7.96	7.47	7.13	6.88	6.69
0.05	10	4.96	4.10	3.71	3.48	3.33	3.22	3.14	3.07
0.025		6.94	5.46	4.83	4.47	4.24	4.07	3.95	3.85
0.01		10.0	7.56	6.55	5.99	5.64	5.39	5.20	5.06
0.005		12.8	9.43	8.08	7.34	6.87	6.54	6.30	6.12
0.05	12	4.75	3.89	3.49	3.26	3.11	3.00	2.91	2.85
0.025		6.55	5.10	4.47	4.12	3.89	3.73	3.61	3.51
0.01		9.33	6.93	5.95	5.14	5.06	4.82	4.64	4.50
0.005		11.8	8.51	7.23	6.52	6.07	5.76	5.52	5.35
0.05	15	4.54	3.68	3.29	3.06	2.90	2.79	2.71	2.64
0.025		6.20	4.77	4.15	3.80	3.58	3.41	3.29	3.20
0.01		8.68	6.36	5.42	4.89	4.56	4.32	4.14	4.00
0.005		10.8	7.70	6.48	5.80	5.37	5.07	4.85	4.67
0.05	20	4.35	3.49	3.10	2.87	2.71	2.60	2.51	2.45
0.025		5.87	4.46	3.86	3.51	3.29	3.13	3.01	2.91
0.01		9.10	5.85	4.94	4.43	4.10	3.87	3.70	3.56
0.005		9.94	6.99	5.82	5.17	4.76	4.47	4.26	4.09
0.05	30	4.17	3.32	2.92	2.69	2.53	2.42	2.33	2.27
0.025		5.57	4.18	3.59	3.25	3.03	2.87	2.75	2.65
0.01		7.56	5.39	4.51	4.02	3.70	3.47	3.30	3.17
0.005		9.18	6.35	5.24	4.62	4.23	3.95	3.74	3.58
0.05	60	4.00	3.15	2.76	2.53	2.37	2.25	2.17	2.10
0.025		5.29	3.93	3.34	3.01	2.79	2.63	2.51	2.41
0.01		7.08	4.98	4.13	3.65	3.34	3.12	2.95	2.82
0.005		8.49	5.80	4.73	4.14	3.76	3.49	3.29	3.13
0.05	120	3.92	3.07	2.68	2.45	2.29	2.18	2.09	2.02
0.025		5.15	3.80	3.23	2.89	2.67	2.52	2.30	2.30
0.01		6.85	4.79	3.95	3.48	3.17	2.96	2.79	2.66
0.005		8.18	5.54	4.50	3.92	3.55	3.28	3.09	2.93
0.05	∞	3.84	3.00	2.60	2.37	2.21	2.10	2.01	1.94
0.025		5.02	3.69	3.12	2.79	2.57	2.41	2.29	2.19
0.01		6.63	4.61	3.78	3.32	3.02	2.80	2.64	2.51
0.005		7.88	5.30	4.28	3.72	3.35	3.09	2.90	2.74

9	10	12	15	20	30	60	120	∞
3.18	3.14	3.07	3.01	2.94	2.86	2.79	2.75	2.71
4.03	3.96	3.87	3.77	3.67	3.56	3.45	3.39	3.33
5.35	5.26	5.11	4.96	4.81	4.65	4.48	4.40	4.31
6.54	6.24	6.23	6.03	5.83	5.62	5.41	5.30	5.19
3.02	2.98	2.91	2.84	2.77	2.70	2.62	2.58	2.54
3.78	3.72	3.62	3.52	3.42	3.31	3.20	3.14	3.08
4.94	4.85	4.71	4.56	4.41	4.25	4.08	4.00	3.91
5.97	5.85	5.66	5.47	5.27	5.07	4.86	4.75	4.64
2.80	2.75	2.69	2.62	2.54	2.47	2.38	2.34	2.30
3.44	3.37	3.28	3.18	3.07	2.96	2.85	2.79	2.72
4.39	4.30	4.16	4.01	3.86	3.70	3.54	3.45	3.36
5.20	5.09	4.91	4.72	4.53	4.33	4.12	4.01	3.90
2.59	2.54	2.48	2.40	2.33	2.25	2.16	2.11	2.07
3.12	3.06	2.96	2.86	2.76	2.64	2.52	2.46	2.40
3.89	3.80	3.67	3.52	3.37	3.21	3.05	2.96	2.87
4.54	4.42	4.25	4.07	3.88	3.69	3.48	3.37	3.26
2.39	2.35	2.28	2.20	2.12	2.04	1.95	1.90	1.84
2.84	2.77	2.68	2.57	2.46	2.35	2.22	2.16	2.09
3.46	3.37	3.23	3.09	2.94	2.78	2.61	2.52	2.42
3.96	3.85	3.68	3.50	3.32	3.12	2.92	2.81	2.69
2.21	2.16	2.09	2.01	1.93	1.84	1.74	1.68	1.62
2.57	2.51	2.41	2.31	2.20	2.07	1.94	1.87	1.79
3.07	2.98	2.84	2.70	2.55	2.39	2.21	2.11	2.01
3.45	3.34	3.18	3.01	2.82	2.63	2.42	2.30	2.18
2.04	1.99	1.92	1.84	1.75	1.65	1.53	1.47	1.39
2.33	2.27	2.17	2.06	1.94	1.82	1.67	1.58	1.48
2.72	2.63	2.50	2.35	2.20	2.03	1.84	1.73	1.60
3.01	2.90	2.74	2.57	2.39	2.19	1.96	1.83	1.69
1.96	1.91	1.83	1.75	1.66	1.55	1.43	1.35	1.25
2.22	2.16	2.05	1.94	1.82	1.69	1.53	1.43	1.31
2.56	2.47	2.34	2.19	2.03	1.86	1.66	1.53	1.38
2.81	2.71	2.54	2.37	2.19	1.98	1.75	1.61	1.43
1.88	1.83	1.75	1.67	1.57	1.46	1.32	1.22	1.00
2.11	2.05	1.94	1.83	1.71	1.57	1.39	1.27	1.00
2.41	2.32	2.18	2.04	1.88	1.70	1.47	1.31	1.00
2.62	2.52	2.36	2.19	2.00	1.79	1.53	1.36	1.00

习 题 答 案

习题 1

8. $0.15, 0.5, 0.1, 0.5$.

9. (1) $0.9, 0.5, 0$；(2) $0.5, 0.1, 0.4$；(3) $0.7, 0.3, 0.2$.

10. $\dfrac{A_{10}^7}{10^7}$.

11. $1 - \dfrac{A_{365}^{50}}{365^{50}}$.

12. $\dfrac{1}{4}, \dfrac{3}{8}$.

13. (1) $1 - \left(\dfrac{8}{9}\right)^{25}$；(2) $1 - \left(\dfrac{7}{9}\right)^{25}$；(3) $C_{25}^3\left(\dfrac{1}{9}\right)^3\left(\dfrac{8}{9}\right)^{22}$.

14. $\dfrac{207}{625}$.

15. $\dfrac{2C_{2n-2}^{n-1}}{C_{2n}^n}$.

16. 0.25.

17. $\dfrac{C_6^3 \cdot C_6^3}{C_{12}^6}$.

18. (1) $0.005\,4$；(2) $0.038\,0$.

19. 0.121.

20. (1) $\dfrac{13}{24}$；(2) $\dfrac{1}{48}$.

21. (1) $\dfrac{a-1}{a+b-1}$；(2) $\dfrac{a(a-1)}{a(a+b)+a(b-1)}$.

23. (1) $\dfrac{1}{3}$；(2) $\dfrac{1}{2}$.

24. 0.645.

25. (1) 0.056；(2) $\dfrac{1}{18}$.

26. (1) 0.455；(2) 0.14.

27. $\dfrac{20}{21}, \dfrac{40}{41}$.

30. 0.902.

31. 9.

32. (1) 0.36；(2) 0.91.

33. (1) 0.107； (2) 0.268； (3) 0.625.

34. $\dfrac{1}{3}$.

35. (1) 0.228 6； (2) 0.049 6.

36. $\dfrac{2(n-r-1)}{n(n-1)}$，$\dfrac{1}{n-1}$.

37. (1) $\dfrac{C_n^{2r} \cdot 2^{2r}}{C_{2n}^{2r}}$； (2) $\dfrac{C_n^1 C_{n-1}^{2r-2} 2^{2r-2}}{C_{2n}^{2r}}$； (3) $\dfrac{C_n^r}{C_{2n}^{2r}}$.

38. 0.25.

39. $\dfrac{29}{90}$，$\dfrac{20}{61}$.

40. 0.008，0.6.

习题 2

1. $\begin{pmatrix} 1 & 2 & 3 & 4 & 5 \\ \dfrac{1}{5} & \dfrac{1}{5} & \dfrac{1}{5} & \dfrac{1}{5} & \dfrac{1}{5} \end{pmatrix}$.

2. $\begin{pmatrix} 1 & 2 & 3 & 4 & 5 & 6 \\ \dfrac{11}{36} & \dfrac{9}{36} & \dfrac{7}{36} & \dfrac{5}{36} & \dfrac{3}{36} & \dfrac{1}{36} \end{pmatrix}$.

3. (1) $\dfrac{1}{3}$； (2) $\dfrac{10}{27}$； (3) $\dfrac{2}{9}$.

4. (1) $a = \dfrac{1}{2}, b = \dfrac{1}{\pi}$； (2) $\dfrac{1}{\pi} \cdot \dfrac{1}{1+x^2}$.

5. $A = 1$，$F(x) = \begin{cases} 0, & x < 0; \\ \dfrac{x^2}{2}, & 0 \leqslant x < 1; \\ 2x - \dfrac{x^2}{2} - 1, & 1 \leqslant x < 2; \\ 1, & x \geqslant 2. \end{cases}$

6. $A = \dfrac{1}{2}, 1 - e^{-2}$.

7. $\dfrac{2}{5}$.

8. $B(4, e^{-2}), 1 - (1 - e^{-2})^4$.

9. $B\left(4, \dfrac{1}{2}\right)$.

10. (1) 0.341 3； (2) 0.341 3； (3) 0.954 5； (4) 0.866 4.

11. $\begin{pmatrix} 0 & 1 & 4 \\ \dfrac{1}{4} & \dfrac{1}{2} & \dfrac{1}{4} \end{pmatrix}$.

12. (1) $p_Y(y) = \begin{cases} 0, & y \leqslant 0, \\ \dfrac{1}{2\sqrt{y}}p_X(\sqrt{y}) + \dfrac{1}{2\sqrt{y}}p_X(-\sqrt{y}), & y > 0; \end{cases}$

(2) $p_Y(y) = \begin{cases} \dfrac{1}{4} \cdot y^{-\frac{3}{4}}, & 0 < y < 1, \\ 0, & 其他. \end{cases}$

13. $p_Y(y) = \begin{cases} 1, & 0 < y < 1, \\ 0, & 其他. \end{cases}$

14. (1) $p_Y(y) = \begin{cases} \dfrac{1}{\sqrt{2\pi} \cdot y} e^{-\frac{(\ln y)^2}{2}}, & y > 0, \\ 0, & y \leqslant 0. \end{cases}$

(2) $p_Y(y) = \begin{cases} \dfrac{2}{\sqrt{2\pi}} e^{-\frac{y^2}{2}}, & y > 0, \\ 0, & y \leqslant 0. \end{cases}$

15. $\dfrac{3}{4}, \dfrac{3}{2}, -\dfrac{1}{2}$.

16. $E(10R) = 0.37$, $D(10R) = 0.020\ 1$.

17. $EX = \dfrac{n+1}{2}$, $DX = \dfrac{n^2-1}{12}$.

18. $\pi - 3$.

19. $12, -12, 3$.

20. $EY = \dfrac{1}{3}$, $DY = \dfrac{4}{45}$.

21. $\begin{pmatrix} 100 & -200 \\ e^{-1/4} & 1-e^{-1/4} \end{pmatrix}$, $-200 + 300e^{-1/4}$.

习题 3

1. (1) $F(b-0,d) - F(a-0,d) - F(b-0,c) + F(a-0,c)$；　(2) $F(y,b) - F(y,a)$；
(3) $F(y,a) - F(y,a-0)$；　(4) $F(x, +\infty)$.

2. $P(X = i, Y = j) = \dfrac{C_{10}^i C_7^j C_5^{4-i-j}}{C_{22}^4}$　$(i \geqslant 0, j \geqslant 0, i+j \leqslant 4)$.

3.

(X,Y)	$(0,3)$	$(1,1)$	$(2,1)$	$(3,3)$
P	$\dfrac{1}{8}$	$\dfrac{3}{8}$	$\dfrac{3}{8}$	$\dfrac{1}{8}$

X	0	1	2	3
P	$\dfrac{1}{8}$	$\dfrac{3}{8}$	$\dfrac{3}{8}$	$\dfrac{1}{8}$

Y	1	3
P	$\dfrac{3}{4}$	$\dfrac{1}{4}$

4. $\dfrac{5}{8}$.

5. (1) $k = 12$;

(2) $F(x,y) = \begin{cases} (1 - e^{-3x})(1 - e^{-4y}), & x > 0, y > 0, \\ 0, & \text{其他}; \end{cases}$

(3) $(1 - e^{-3})(1 - e^{-8})$.

6. $1 - 2e^{-\frac{1}{2}} + e^{-1}$.

7. $P_X(x) = \begin{cases} \dfrac{3}{64}x^2, & 0 \leqslant x \leqslant 4; \\ 0, & \text{其他}, \end{cases} \qquad P_Y(y) = \begin{cases} \dfrac{3y(16 - y^4)}{64}, & 0 \leqslant y \leqslant 2, \\ 0, & \text{其他}. \end{cases}$

8. $p = \dfrac{1}{2}$.

9. (1)

X \ Y	0	1	$p_i.$
-1	1/4	0	1/4
0	0	1/2	1/2
1	1/4	0	1/4
$p_{.j}$	1/2	1/2	1

(2) 由于 $P(X = 0, Y = 0) = 0$,而 $P(X = 0)P(Y = 0) = \dfrac{1}{4}$,所以 X 与 Y 不独立.

10. (1) $p_X(x) = \begin{cases} e^{-x}, & x > 0, \\ 0, & \text{其他}, \end{cases} \quad p_Y(y) = \begin{cases} ye^{-y}, & y > 0, \\ 0, & \text{其他}, \end{cases}$ 由于 $p(x,y) \neq p_X(x)p_Y(y)$,故 X 与 Y 不独立.

(2) $p(y \mid x) = \begin{cases} e^{x-y}, & y > x > 0, \\ 0, & \text{其他}, \end{cases} \quad p(x \mid y) = \begin{cases} \dfrac{1}{y}, & y > x > 0, \\ 0, & \text{其他}. \end{cases}$

(3) $P(X > 2 \mid Y < 4) = \dfrac{e^{-2} - 3e^{-4}}{1 - 5e^{-4}}$.

11. 略.

12. $p(x \mid y) = \dfrac{p(x,y)}{p_Y(y)} = \begin{cases} 1/(1 - |y|), & |y| < x < 1, \\ 0, & \text{其他}. \end{cases}$

13. $p_Z(z) = \begin{cases} 1 - e^{-z}, & 0 < z < 1, \\ e^{-z}(e - 1), & z > 1, \\ 0, & \text{其他}. \end{cases}$

14. $p_U(u) = \begin{cases} \dfrac{1}{2}(2-u), & 0 < u < 2, \\ 0, & \text{其他.} \end{cases}$

15. (1) $p_{U,V}(u,v) = \begin{cases} ue^{-u}, & u > 0, 0 < v < 1, \\ 0, & \text{其他.} \end{cases}$ (2) U 与 V 独立.

16. $p_Z(z) = \begin{cases} e^{-z}, & z > 0, \\ 0, & \text{其他.} \end{cases}$

17. $p_Z(z) = \begin{cases} \dfrac{1}{(1+z)^2}, & z > 0, \\ 0, & z \leqslant 0. \end{cases}$

18. (1) $p_X(x) = \begin{cases} 1+x, & -1 < x \leqslant 0, \\ 1-x, & 0 < x \leqslant 1, \\ 0, & \text{其他,} \end{cases}$ $p_Y(y) = \begin{cases} 2y, & 0 < y < 1, \\ 0, & \text{其他,} \end{cases}$

(2) 因为 $p(x,y) \neq p_X(x)p_Y(y)$,所以 X 与 Y 不独立.

19. (1) 0;   (2) 0.

20. $\rho_{XY} = -\dfrac{1}{11}$.

21. 由于 $E(X) = 0, E(Y) = 0, E(XY) = 0$,故 $E(XY) = E(X)E(Y)$,即得 X 和 Y 是不相

关的; $p_X(x) = \begin{cases} \dfrac{2}{\pi}\sqrt{1-x^2}, & -1 < x < 1, \\ 0, & \text{其他,} \end{cases}$ $p_Y(y) = \begin{cases} \dfrac{2}{\pi}\sqrt{1-y^2}, & -1 < y < 1, \\ 0, & \text{其他.} \end{cases}$ 显然

$p(x,y) \neq p_X(x)p_Y(y)$,故 X 和 Y 不是相互独立的.

22. $E(X) = E(Y) = \dfrac{7}{6}$, $\mathrm{Cov}(X,Y) = -\dfrac{1}{36}$, $\rho_{XY} = -\dfrac{1}{11}$, $D(X+Y) = \dfrac{5}{9}$.

23. $E(Z) = \dfrac{1}{3}$, $D(Z) = 3$, $\rho_{XZ} = 0$.

24. $\rho_{UV} = \dfrac{1}{\sqrt{3}} = 0.5774$.

25. (1) $\dfrac{3}{2}$,

(2)

$X \mid Y = 1$	0	1	2
P	$\dfrac{1}{5}$	$\dfrac{2}{5}$	$\dfrac{2}{5}$

(3)

Z_1	0	1	2
P	$\dfrac{1}{8}$	$\dfrac{5}{8}$	$\dfrac{2}{8}$

Z_2	0	1
P	$\frac{1}{2}$	$\frac{1}{2}$

(4)

W	0	1	2	3
P	$\frac{1}{8}$	$\frac{3}{8}$	$\frac{2}{8}$	$\frac{2}{8}$

习题 4

2. 141.

3. (1) 0.002 7； (2) $n = 440$.

4. 103.

5. $n = 35$.

习题 5

1. $\bar{x} = 18.45$，$s^2 = 10.775\,5$.

2. $(-0.63, 0.63)$.

3. (1) 0.991 6； (2) 0.890 4； (3) $n \approx 96$.

4. $P\left(\bar{X} = \dfrac{m}{n}\right) = C_n^m p^m (1-p)^{n-m}\ (m = 0,1,\cdots)$，$E\bar{X} = p$，$D\bar{X} = \dfrac{p(1-p)}{n}$.

5. 略.

6. $P\left(\bar{X} = \dfrac{m}{n}\right) = e^{-\lambda} \dfrac{\lambda^m}{m!}\ (m = 0,1,\cdots)$，$E\bar{X} = \lambda$，$D\bar{X} = \dfrac{\lambda}{n}$.

7. 略.

8. 略.

9. (1) $n = 22$； (2) $n = 14$.

10. 提示：利用 Fisher 定理和整体分布的性质，验证 $X_1 + X_2$ 与 $X_1 - X_2$ 协方差为零.

11. $t(n-1)$.

12. (1) $e^{-7.2}$； (2) $(1 - e^{-4.5})^6$.

13. $\sum\limits_i^5 \sim B(5, \frac{2}{3})$， $E\bar{X} = \dfrac{2}{3}$， $ES_5^2 = \dfrac{8}{45}$.

14. $p(x_1, x_2, \cdots, x_n) = \begin{cases} 1, & 0 \leqslant x_1, x_2, \cdots x_n \leqslant 1, \\ 0, & \text{其他}. \end{cases}$

15. 略.

16. $n \geqslant 40$,提示：利用 χ^2 分布.

17. $\alpha = 0.05$.

18. $x = u_{\frac{1-\alpha}{2}}$.

19. (1) $a = 1/m, b = 1/(n - m)$; (2) $c = \sqrt{n - m}, d = \sqrt{m}$.

习题 6

2. $\hat{\mu} = 457.5, \hat{\sigma}^2 = 1\ 240.3$.

3. $\hat{a} = \overline{X} - \sqrt{\dfrac{3}{n} \sum_{i=1}^{n} (X_i - \overline{X})^2}$, $\hat{b} = \overline{X} + \sqrt{\dfrac{3}{n} \sum_{i=1}^{n} (X_i - \overline{X})^2}$.

4. 矩估计量 $\hat{\theta} = \dfrac{2\overline{X} - 1}{1 - \overline{X}}$，最大似然估计量为 $\hat{\theta} = \dfrac{n}{\sum\limits_{i=1}^{n} \ln X_i} - 1$.

5. 均为 $\hat{\lambda} = \dfrac{1}{\overline{X}}$.

6. $\hat{\theta} = \dfrac{4}{3} \overline{X}$.

7. $\dfrac{n}{\sum\limits_{i=1}^{n} X_i^q}$.

8. $\hat{p} = \dfrac{1}{\overline{X}}$.

9. $\hat{\theta} = \min\{x_1, \cdots, x_n\}$.

10. (1) $F(x) = \begin{cases} 1 - e^{-2(x - \theta)}, & x > \theta, \\ 0, & x \leqslant \theta; \end{cases}$

(2) $F_{\theta}(x) = \begin{cases} 1 - e^{-2n(x - \theta)}, & x > \theta, \\ 0, & x \leqslant \theta; \end{cases}$

(3) 不具无偏性.

11. (1) $\hat{\beta} = \dfrac{\overline{X}}{\overline{X} - 1}$; (2) $\hat{\beta} = \dfrac{n}{\sum\limits_{i=1}^{n} \ln X_i}$.

12. (1),(2) 如 11 题； (3) $\hat{\alpha} = \min\{X_1, \cdots, X_n\}$.

13. 均为 $\hat{\lambda} = \dfrac{2}{\overline{X}}$.

14. (2) $\dfrac{2}{n(n - 1)}$.

15. (1) $\hat{\theta} = \dfrac{1}{2}(1 - 4\overline{X})$; (2) 不是无偏的.

16. $\hat{\theta} = \dfrac{N}{n}$.

17. $\hat{\theta} = \dfrac{1}{n} \sum_{i=1}^{n} |x_i|$.

18. $\dfrac{1}{n} \sum_{i=1}^{n} (x_i - \mu)^2$.

19. $\dfrac{1}{2(n-1)}$.

20. $D(\hat{\mu}_1) = 0.36\sigma^2$，$D(\hat{\mu}_2) = 0.39\sigma^2$，$D(\hat{\mu}_3) = 0.48\sigma^2$，故 $\hat{\mu}_1$ 较 $\hat{\mu}_2$ 有效，$\hat{\mu}_2$ 较 $\hat{\mu}_3$ 有效.

21. $c = \dfrac{1}{3}$，$d = \dfrac{2}{3}$.

22. $(14.858, 15.258)$.

23. $(0.500\,6, 0.517\,4)$.

24. $(0.011\,8, 0.194)$.

25. $(-0.044, 0.344)$，$(0.227, 2.966)$.

26. $(-0.4, 2.6)$.

27. $(0.472, 3.351)$.

28. $(13.765, 36.515)$.

29. $n \geqslant \dfrac{4\sigma^2 u_{\alpha/2}^2}{l^2}$.

30. (1) $n \geqslant 25$；　(2) $n \geqslant 60$.

习题 7

1. 能.

2. 能.

3. 不可以.

4. 是.

5. 有理由.

6. 没有发生变化.

7. 不可以.

8. 无显著差异.

9. 可以认为.

10. (1) 可以认为；　(2) 能.

11. 是.

12. 25.

13. $c = 1.176$.

习题 8

1. $F = 2.64 < F_{0.05}(2, 15)$，不同材料灯丝制成的灯泡的使用寿命无显著差异.

2. $F = 6.13 > F_{0.01}(4, 15)$，不同的施肥方案对农作物的收获量有特别显著的影响.

3. $F = 14.37 > F_{0.01}(5, 24)$，6 种不同培养液培养的红苕蓿含氮量差异极显著.

5. $\hat{y} = 66.185\,6 + 0.962\,6x$，线性相关关系显著.

6. (1) 线性相关关系显著，$\hat{y} = 14.275\,9 + 0.795\,5x$；　(2) $(50.239\,4, 70.590\,5)$.

7. $\hat{y} = 17.505 + \dfrac{3.80}{x}$.

8. $\hat{s} = 30.44 + 3.27p$.

参 考 文 献

［1］盛骤,谢式千,潘承毅.概率论与数理统计[M].3 版.北京:高等教育出版社,2006.

［2］沈恒范.概率论与数理统计教程[M].4 版.北京:高等教育出版社,2004.

［3］孙国正,杜先能.概率论与数理统计[M].合肥:安徽大学出版社,2004.